Grundwasserströmung

Von

Dr. Ing. **Robert Dachler**
Privatdozent an der Technischen Hochschule
in Wien

Mit 74 Abbildungen im Text

Wien
Verlag von Julius Springer
1936

ISBN-13:978-3-7091-5254-6 e-ISBN-13:978-3-7091-5402-1
DOI: 10.1007/978-3-7091-5402-1

Softcover reprint of the hardcover 1st edition 1936

Vorwort.

In der vorliegenden Arbeit wurde der Versuch unternommen, die hydromechanischen Gesetze der Grundwasserströmung und deren Verwendungsmöglichkeit geordnet darzustellen, um dadurch die grundlegenden, aber mitunter noch unbeachteten theoretischen Zusammenhänge für die praktische Anwendung zugänglicher zu machen. Bei der Gliederung und Darstellung des Stoffes sowie bei der Auswahl und Bearbeitung der Beispiele waren Erwägungen grundsätzlicher Art richtunggebend, weil dadurch die Übersicht über den Gegenstand erleichtert und die selbständige Bearbeitung verwandter, über den Rahmen des Buches hinausgehender Aufgaben ermöglicht wird. Mit Rücksicht auf den Zweck dieser Arbeit und den zur Verfügung stehenden Raum erschien es angezeigt, die Grenzgebiete mit ihren vielfach noch umstrittenen Problemen auszuschließen und nur jene Aufgaben systematisch zu behandeln, die auf Grund der allgemein anerkannten hydromechanischen Gesetzmäßigkeiten einer Lösung zugeführt werden können.

Die für die Wasserbewegung im Boden wichtigsten, theoretischen Grundlagen sind physikalisch weitgehend geklärt und von einfacher Form, so daß viele Aufgaben über Grundwasserströmung mit Erfolg rein rechnerisch bearbeitet werden können. Die rechnerischen Verfahren nehmen daher einen ihrer praktischen Bedeutung entsprechenden, breiten Raum ein. Die hierzu erforderlichen mathematischen Darstellungen sind unter Hinweisen auf das einschlägige Schrifttum möglichst kurz gehalten. Mathematisch vollkommen genaue, sogenannte strenge Lösungen wurden nur insoweit aufgenommen, als sie zu praktisch brauchbaren Ergebnissen führen, grundsätzlich wichtige Zusammenhänge aufzeigen oder die Genauigkeit von Näherungslösungen zu beurteilen gestatten. Andernfalls ist den rechnerischen, versuchstechnischen und zeichnerischen Näherungsverfahren der Vorzug gegeben, weil sie bei richtigem Gebrauch praktisch meist vollkommen entsprechende Lösungen ermöglichen.

Die Abfassung dieser Schrift wurde durch eine größere Anzahl praktischer und wissenschaftlicher Arbeiten angeregt, die ich im Hydrologischen Institut der Technischen Hochschule in Wien zu bearbeiten Gelegenheit hatte. Es ist mir eine angenehme Pflicht, Herrn Professor Dr. F. Schaffernak und Herrn Professor Dr. K. Terzaghi für die Anregungen und das die Herausgabe dieses Buches fördernde Interesse auch an dieser Stelle Dank zu sagen.

Wien, im Juni 1936.

Robert Dachler.

Inhaltsverzeichnis.

Einleitung.

Mit Grundwasser bezeichnet man in der Hydrologie jenes Wasser, das lückenlos die kleinen, zusammenhängenden Hohlräume des Bodens erfüllt und dessen Bewegungszustand ausschließlich oder nahezu ausschließlich von der Schwerkraft und den durch die Bewegung ausgelösten Reibungskräften in der Flüssigkeit bestimmt wird. Das Wasser in Spalten und Klüften sowie das in seinem Bewegungszustand zum großen Teil oder fast ausschließlich von Kapillarkräften beherrschte Wasser ist daher nicht Gegenstand der folgenden Betrachtung. Die letztgenannten Erscheinungsformen, wie z. B. das in der lufthaltigen Bodenzone hängende oder dort versickernde Wasser, ferner die jeden Grundwasserspiegel begleitende Kapillarwasserschicht und das jedes Bodenteilchen umgebende adsorbierte Wasser werden zwar bei keinem Grundwasservorkommen vollständig fehlen, doch sei ihr Einfluß von untergeordneter Bedeutung für den Bewegungsvorgang.

Als Grundwasserträger wird ein Boden vorausgesetzt, dessen einzelne Teilchen soweit starr und in ihrer gegenseitigen Lage unverrückbar sind, daß die Fließquerschnitte weder durch die Schleppkraft des Wassers noch durch äußere Krafteinwirkung eine Veränderung erfahren können. Auch Veränderungen chemischer und physikalischer Natur, wie etwa die Ausscheidung oder Lösung von Salzen oder Luft, seien in ihrer Gesamtwirkung praktisch vernachlässigbar.

Durch diese Voraussetzungen wird der Aufgabenkreis auf jene Probleme beschränkt, bei denen das Grundwasser als solches und insbesondere sein mengenmäßiges Vorkommen im Vordergrunde des Interesses stehen. Es sind dies die Aufgaben, die hauptsächlich bei der Grundwassernutzung und Grundwasserabhaltung auftreten, im Gegensatze zu jenen, die mit der Erforschung des Bodens als Baugrund und als Nährboden für den Pflanzenwuchs im Zusammenhang stehen.

In dem folgenden, das Widerstandsgesetz der Grundwasserbewegung betreffenden, ersten Abschnitt werden die theoretischen Grundlagen der Flüssigkeitsbewegung in durchlässigen Stoffen allgemein dargestellt. Der zweite Abschnitt zeigt an Hand allgemeiner Beispiele die Verfahren zur Bestimmung der Strömungsformen und deren Auswertung in Verbindung mit dem Widerstandsgesetz.

Erster Abschnitt.

Das Widerstandsgesetz der Grundwasserströmung.

A. Hydromechanische Grundlagen.

Zur Beschreibung von Flüssigkeitsbewegungen stehen in der Hydromechanik zwei Gleichungen zur Verfügung, und zwar die allgemeine *Bewegungsgleichung*, die die Bedingung des Gleichgewichtes aller am Flüssigkeitsteilchen angreifenden Kräfte zum Ausdruck bringt, und die *Raumgleichung*, die die Forderung nach Erhaltung der Masse bei lückenloser Ausfüllung des Strömungsgebietes darstellt. Die Verwertung dieser beiden grundlegenden Beziehungen zur Lösung praktischer Aufgaben ist erfahrungsgemäß immer an eine Reihe von Voraussetzungen geknüpft, die eine meist weitgehende Vereinfachung der physikalischen Vorstellung beinhalten und die dadurch erst die Ausführung der Lösung ermöglichen. Von solchen vereinfachenden Annahmen wird in der gesamten Hydraulik mit Erfolg Gebrauch gemacht. *Welche* vereinfachende Annahme aber für die jeweils vorliegende Aufgabengruppe in Frage kommt, kann stets nur durch die unmittelbare und systematische Beobachtung des Naturvorganges entschieden werden.

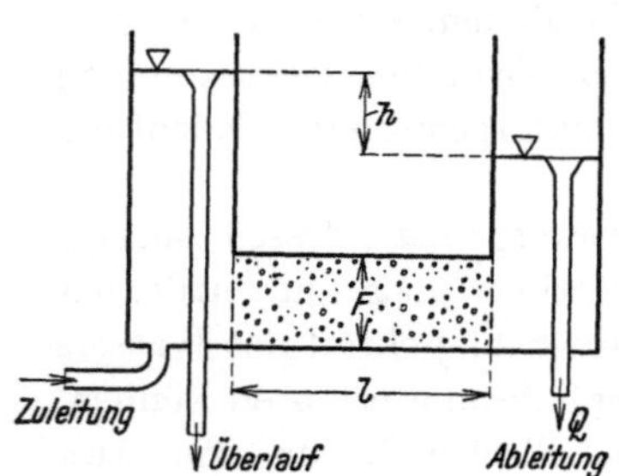

Abb. 1. Filterversuch von Darcy.

Auch die Bewegung des Grundwassers wurde einer allgemeinen Behandlung auf wissenschaftlicher Grundlage erst zugänglich, nachdem H. Darcy[1] auf versuchstechnischem Wege (Abb. 1) den einfachen Zusammenhang zwischen dem Durchfluß Q durch die Sandschicht und dem zugehörigen Unterschiede h der Wasserspiegelhöhen nachgewiesen hatte. Dieser Zusammenhang wird durch die Gleichung

$$V = k \,.\, J \qquad (1)$$

[1] Les fontaines publiques de la ville de Dijon, S. 590. Paris. 1856.

dargestellt, die besagt, daß die *Filtergeschwindigkeit* V, das ist das Verhältnis der in der Zeiteinheit durchströmenden Wassermenge Q zur ganzen Querschnittsfläche F proportional ist dem relativen Druckhöhengefälle $J = h : l$. Die Größe der Verhältniszahl k ist wesentlich von der Beschaffenheit des durchströmten Bodens abhängig.

Gl. (1) heißt das *Filtergesetz* von DARCY. Es ist die wichtigste hydrologische Grundlage für die Beschreibung der Wasserbewegung im Boden oder in ähnlich beschaffenen, durchlässigen Stoffen.

Für die theoretische Begründung dieses Filtergesetzes und seines Geltungsbereiches ist zunächst festzustellen, daß bei der Bewegung von Grundwasser im Sinne der vorerwähnten Einschränkungen die gleichen Kräfte wirksam sind wie bei der übrigen Wasserbewegung, die allgemein Gegenstand der Hydraulik ist. Die physikalisch wirksamen Kräfte sind demnach die von der Schwerkraft als der treibenden Kraft herrührenden Gewichts- und Druckkräfte und der durch die Bewegung ausgelöste Reibungswiderstand. Die Mittelkraft aus diesen physikalisch wirksamen Kräften heißt Trägheitskraft und ist maßgebend für die Beschleunigung des Wassers. Die tatsächliche Bewegung des Grundwassers zwischen den Bodenteilchen ist somit eine räumliche Strömung allgemeinster Art. Infolge des überragenden Einflusses der Wandreibung erfolgt diese Bewegung stets mit sehr geringer Geschwindigkeit und ist fast immer laminar.

Es ist unmöglich und wäre praktisch von keiner unmittelbaren Bedeutung, diesen überaus verwickelten räumlichen Bewegungsvorgang nach den analytischen Verfahren der Hydromechanik im einzelnen zu verfolgen. Beim Grundwasser ist vielmehr nur jene Ersatzbewegung von Interesse, die dadurch gekennzeichnet ist, daß ihre Stromlinien in die Richtung der Filtergeschwindigkeit fallen. Diese Ersatzbewegung wird im Gegensatz zur tatsächlichen Bewegung des Wassers in den Hohlräumen als *Filterbewegung* oder als Grundwasserbewegung schlechtweg bezeichnet.

Bei der begrifflichen Festlegung der Filtergeschwindigkeit ist vorausgesetzt, daß die ebene Schnittfläche, auf die der Durchfluß bezogen wird, so groß ist, daß die Porenschnittfläche als gleichmäßig verteilt über die ganze Schnittfläche angenommen werden kann.

Das tatsächliche Fortschreiten des Grundwassers in Richtung der Filterbewegung erfolgt mit einer Geschwindigkeit, die gleich ist dem Verhältnis des sekundlichen Durchflusses zur Porenfläche des zugehörigen Querschnittes. Diese Geschwindigkeit ist immer größer als die Filtergeschwindigkeit und wird als die *wahre Grundwassergeschwindigkeit* V_w bezeichnet. Beträgt der relative Porenraum oder die hiermit gleich große relative Porenfläche ε, dann lautet die Beziehung zwischen der Filtergeschwindigkeit V und der wahren Grundwassergeschwindigkeit V_w

$$V = \varepsilon \,.\, V_w. \tag{2}$$

1*

Die Filterbewegung hat, als gedachte Bewegung einer geschlossenen Flüssigkeitsmasse, streng genommen keine physikalische Bedeutung, und es besteht auch kein unmittelbarer Zusammenhang zwischen ihr und den physikalisch wirksamen Kräften. Diese bestimmen nach den Gesetzen der Hydromechanik die Druck- und Geschwindigkeitsverteilung nur für die tatsächliche Wasserbewegung in den Hohlräumen, wobei die unmittelbare Wirkung der Trägheitskräfte aus dem krummlinigen Verlauf dieser Bewegung zu erkennen ist. Auf die Filterbewegung, also auf die Größe und die Richtung der Filtergeschwindigkeit haben die Trägheitskräfte nur mittelbaren und untergeordneten Einfluß, der am sinnfälligsten darin zum Ausdruck kommt, daß im allgemeinen auch die Filtergeschwindigkeit von Punkt zu Punkt ihre Größe und Richtung ändert. Die Erfahrung hat aber gezeigt, daß dieser mittelbare Einfluß der Trägheitskräfte auf die Filtergeschwindigkeit um so geringer ist, je feinkörniger das Material ist und daß bei den meisten praktischen Anwendungen von dem Einfluß der Trägheitskräfte auf die Filterbewegung ganz abgesehen werden kann. Unter dieser Voraussetzung folgt die Filterbewegung der Richtung der von der Schwere bedingten, treibende Kraft, und es besteht Gleichgewicht zwischen dieser und dem Reibungswiderstand.

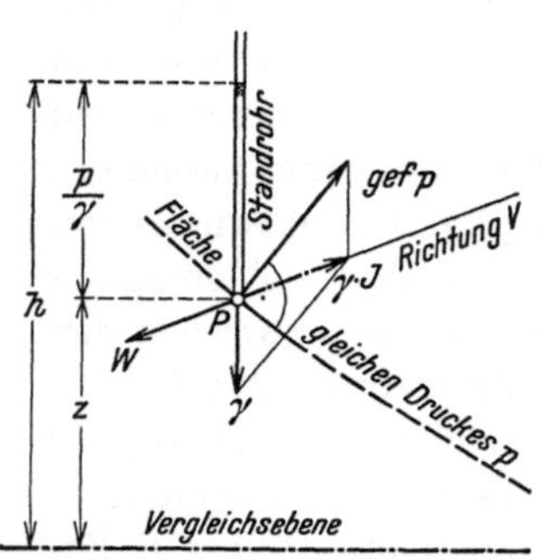

Abb. 2. Kräftewirkung bei der Filterbewegung.

Bei Kennzeichnung der treibenden Kraft ist unter dem Wasserdruck der für die Filterbewegung maßgebende, mittlere Druck verstanden, der allein meßtechnisch erfaßt werden kann und der bei den praktischen Anwendungen, wie z. B. Bestimmung des Wasserdruckes auf die feste Begrenzung des Strömungsgebietes, allein von Bedeutung ist. Die kleinen örtlichen Druckunterschiede in den Hohlräumen bleiben dabei ebenso außer Betracht wie der Verlauf der tatsächlichen Wassergeschwindigkeit. Hinsichtlich der Schwerewirkung kann daher die elementare Betrachtungsweise der Hydromechanik auch auf die Filterbewegung angewendet werden.

Auf ein Wasserteilchen P (Abb. 2) von der Größe der Raumeinheit wirken, von der Schwerkraft bedingt, sein Eigengewicht γ lotrecht nach abwärts und die auf die Oberfläche des Teilchens wirkenden Wasserdrücke, deren Mittelkraft als Druckresultante bezeichnet wird. Nach den Gesetzen der Hydromechanik ist diese Kraft normal gerichtet zu der durch den Ort des Teilchens gelegten Fläche gleichen Wasserdruckes. Sie wirkt auf das Teilchen in der Richtung des abnehmenden Wasserdruckes und ist ihrer Größe nach gleich dem Differentialquotienten des Wasserdruckes in dieser Richtung. Die auf die Raumeinheit des Wassers bezogene Druckresultante ist somit gleich dem Gefälle des Wasserdruckes, das kurz *Druckgefälle* genannt und mit gef p bezeichnet wird. Die Bestimmung der Druckresultanten setzt die Kenntnis des Druckverlaufes im Strömungsgebiet voraus.

Um die Gewichtswirkung γ und die Druckwirkung gef p zusammenfassen zu können, ersetzt man das Eigengewicht γ durch das hiermit gleichwertige Gefälle des Schwerepotentiales, also durch gef $(\gamma\,.\,z)$, so daß die gesamte Schwerkraftwirkung auf das Wasserteilchen ihrer Größe und Richtung nach durch

$$\gamma + \text{gef}\,p = \text{gef}\,(\gamma\,z) + \text{gef}\,p = \text{gef}\,(\gamma\,z + p) = \gamma\,.\,\text{gef}\left(z + \frac{p}{\gamma}\right) \tag{3}$$

darstellbar ist.

Die Länge z, meist als Ortshöhe bezeichnet, ist gleich dem Abstande des betreffenden Punktes von einer waagrechten Vergleichsebene und kennzeichnet daher die Größe der Lagenenergie des Wassers in diesem Punkte. Die Länge $\frac{p}{\gamma}$ ist die dem Wasserdruck p entsprechende Länge einer Wassersäule und daher ein Maß der Druckenergie in diesem Punkte. Ihre Summe

$$h = z + \frac{p}{\gamma} \tag{4}$$

stellt demnach den Energieinhalt oder das Arbeitsvermögen der Gewichtseinheit des Wassers an der betreffenden Stelle dar und wird in der Hydraulik als Druckhöhe, statische Höhe, oder nach Ph. Forchheimer[1] als *Standrohrspiegelhöhe* bezeichnet. Im folgenden wird an dieser Bezeichnung festgehalten, weil sie eine Verwechslung mit der den Wasserdruck p allein kennzeichnenden Länge $\frac{p}{\gamma}$ ausschließt und überdies den Vorzug großer Anschaulichkeit besitzt: Taucht man ein beiderseits offenes Rohr in einen Grundwasserträger etwa bis zum Punkte P ein, dann zeigt der Abstand des Wasserspiegels in diesem Standrohr, gemessen von der waagrechten Vergleichsebene, die Standrohrspiegelhöhe h in diesem Punkte an.

Die gesamte, auf die Gewichtseinheit bezogene Schwerewirkung ist somit nach (3) gleich dem Gefälle der Standrohrspiegelhöhe, das kurz *Standrohrspiegelgefälle* genannt und in der Folge mit J bezeichnet wird.

Der Reibungswiderstand ist der treibenden Kraft entgegengesetzt gleich, also dem Standrohrspiegelgefälle entgegengerichtet. Die Größe des Reibungswiderstandes ist bei laminarer Wasserbewegung erfahrungsgemäß verhältnisgleich der tatsächlichen Wassergeschwindigkeit. Weil aber bei verschwindend kleinem Einfluß der Trägheitskräfte das Verhältnis der tatsächlichen Wassergeschwindigkeit zur Filtergeschwindigkeit von der Größe der Geschwindigkeit unabhängig ist, so besteht auch

---

[1] Hydraulik, 3. Aufl., S. 51f. Leipzig und Berlin. 1930.

Verhältnisgleichheit zwischen dem Reibungswiderstand und der Filtergeschwindigkeit. Die Gleichgewichtsbedingung zwischen der treibenden Kraft und dem Reibungswiderstand läßt sich daher durch die Verhältnisgleichheit der beiden meßbaren Größen Standrohrspiegelgefälle und Filtergeschwindigkeit darstellen. Das Filtergesetz von Darcy, das diesen gesetzmäßigen Zusammenhang zum Ausdruck bringt, stellt somit die besondere Form der allgemeinen Bewegungsgleichung für die Grundwasserströmung dar und wird als das *Widerstandsgesetz* der Grundwasserbewegung bezeichnet. Das Studium dieses Widerstandsgesetzes und insbesondere die Festlegung seines Geltungsbereiches bilden wegen der grundlegenden Bedeutung, die diesem Gesetze zukommt, ein weites Arbeitsgebiet der hydrologischen Forschung.[1]

Eine große Anzahl sorgfältig durchgeführter Laboratoriumsversuche an Material verschiedenster Korngröße und Zusammensetzung hat gezeigt,[2] daß der praktische Geltungsbereich des Widerstandsgesetzes von Darcy ein sehr ausgedehnter ist und daß bei Zugrundelegung dieses einfachen Gesetzes für fast alle Grundwasseraufgaben praktisch vollkommen entsprechende Lösungen gefunden werden können. Anderseits haben aber die sorgfältigst durchgeführten experimentellen Untersuchungen einwandfrei bewiesen, daß der lineare Zusammenhang, den Darcy zwischen dem Standrohrspiegelgefälle und der Filtergeschwindigkeit feststellen konnte, nicht in aller Strenge besteht. Diese Tatsache muß deshalb hervorgehoben werden, weil das Ergebnis dieser Versuche und seine wissenschaftliche Erklärung[3] geeignet sind, die Gültigkeitsgrenzen und den jeweiligen Genauigkeitsgrad des Darcygesetzes in einwandfreier Weise zu beurteilen und die Bedenken zu zerstreuen, die zuweilen auf Grund unsachgemäß durchgeführter Versuche gegen die Anwendung des Darcygesetzes geäußert werden.

Auch die Ergebnisse direkter Beobachtungen im Gelände standen mitunter in Widerspruch zum Gesetz von Darcy und waren Anlaß zur Aufstellung anderer, weniger einfacher Widerstandsgesetze, die jedoch wegen ihres beschränkten Geltungsbereiches oder innerer Widersprüche als wertlos bezeichnet werden müssen. Die unmittelbare Beobachtung im Gelände ist zwar von größter Bedeutung für die Beurteilung örtlicher Grundwasserverhältnisse, weil nur dadurch alle das Grundwasserregime bedingenden Einflüsse, wie die Ausdehnung des Grundwasserträgers, seine wechselnde Zusammensetzung, die Art seiner Speisung usw. in

---

[1] Über die geschichtliche Entwicklung s. S. 5, Fußnote 1.

[2] K. Terzaghi: Erdbaumechanik, S. 127. Leipzig und Wien. 1925. — P. Neményi: Über die Gültigkeit des Darcyschen Gesetzes und deren Grenzen. Wasserkr. u. Wasserwirtsch., H. 14. München. 1934.

[3] E. Lindquist: Über den Durchfluß durch porösen Boden. Mitt. I. Int. Talsperrenkongr. Stockholm. 1933. (In englischer Sprache.)

ihrer Gesamtwirkung erfaßt werden können. Für Untersuchungen über den Bau des Widerstandsgesetzes sind aber Beobachtungen im Gelände gerade wegen der oben erwähnten Vorzüge ungeeignet. Solche Untersuchungen erfordern die sorgfältigste Ausschaltung aller störenden Nebeneinflüsse und können daher nur im Versuchsraum mit Erfolg durchgeführt werden.

Die Abweichungen vom Darcygesetz werden, sofern die Bodenstruktur und die physikalischen Eigenschaften der Flüssigkeit keine Änderung erfahren, meistens und hauptsächlich durch den mittelbaren Einfluß der Trägheitskräfte auf die Filterbewegung verursacht. Dieser meist sehr geringe, aber doch stets vorhandene Einfluß äußert sich im allgemeinen sowohl in der Größe wie in der Richtung der Filtergeschwindigkeit. Sind die Bedingungen an den Grenzen des Strömungsgebietes — die Randbedingungen[1] — derartige, daß dadurch eine *geradlinige* Filterbewegung erzwungen wird, dann sind Filtergeschwindigkeit und Standrohrspiegelgefälle überall genau gleichgerichtet, und der Einfluß der Trägheitskräfte kommt nur darin zum Ausdruck, daß diese beiden Größen nicht mehr streng verhältnisgleich sind. Weil die Trägheitskraft allgemein der zweiten Potenz der Geschwindigkeit verhältnisgleich ist, muß auch im Widerstandsgesetz die Filtergeschwindigkeit in der zweiten Potenz erscheinen. Die von FORCHHEIMER[2] auf Grund praktischer Erfahrungen empfohlene Darstellung des Widerstandsgesetzes in der Form

$$J = a V + b V^2 \tag{5}$$

entspricht dieser Forderung. J und V haben hierin die übliche Bedeutung und a und b sind Festwerte, die von der Struktur des Materials, also von der Größe, Form, Oberflächenbeschaffenheit und gegenseitiger Lagerung der Bodenteilchen und auch von der Dichte und Zähigkeit der Flüssigkeit abhängen.

Ist die Filterbewegung infolge der Randbedingungen *krummlinig*, dann unterliegt nicht nur die Größe, sondern auch die Richtung der Filtergeschwindigkeit dem Einfluß der Trägheitskräfte. Dieser äußert sich dann darin, daß die Filtergeschwindigkeit und das Standrohrspiegelgefälle nicht mehr genau gleichgerichtet sind. Diese Richtungsverschiedenheit wächst mit der Krümmung der Filterbewegung, so daß z. B. bei der Umströmung von Ecken die vollständige Vernachlässigung der Trägheitskräfte auf widersprechende Ergebnisse führen muß.[3] Untersuchungen über das Maß dieser Richtungsverschiedenheit liegen nicht vor, doch kann indirekt aus dem Verhalten der Strömungsbilder geschlossen werden, daß die Richtungsverschiedenheit bei nicht zu grob-

---

[1] Siehe S. 45.

[2] Z. VDI, S. 1782. 1901.

[3] Siehe S. 60.

porigem Material sehr gering sein muß, so daß V und J fast immer als gleichgerichtet betrachtet werden können. Nur unter dieser Voraussetzung kann von einem Widerstandsgesetz der Grundwasserbewegung gesprochen werden, und nur dann ist die Grundwasserströmung einer allgemeinen theoretischen Behandlung zugänglich.

In der Wirkung der Trägheitskräfte liegt übrigens auch der einzige und wesentliche Unterschied zwischen der laminaren Grundwasserbewegung und der laminaren Flüssigkeitsbewegung durch zylindrische Röhren, bei der tatsächlich keine Trägheitskräfte wirksam sind. Bei vollständiger Vernachlässigung des Einflusses der Trägheitskräfte in der Grundwasserbewegung war es daher naheliegend, das theoretisch begründete Gesetz von HAGEN-POISEUILLE[1]

$$V = \frac{\gamma D^2}{32\,\eta} \cdot J \tag{6}$$

für die laminare Bewegung durch kreiszylindrische Röhren (Haarröhrchenbewegung) zur Stützung des empirischen Darcygesetzes heranzuziehen. Der vom Durchmesser D des Röhrchens, dem Eigengewicht γ und der Zähigkeit η der Flüssigkeit herrührende Faktor $\frac{\gamma D^2}{32\,\eta}$ stellt ebenso wie die Verhältniszahl k der Gl. (1) einen der jeweiligen Anordnung entsprechenden Festwert dar, so daß die Gln. (1) und (6) wesentlich dasselbe aussagen.

Außer dem Einfluß der Trägheitskräfte kann auch der Übergang der laminaren Bewegung in turbulente die Form des Widerstandsgesetzes beeinflussen. Turbulente Wasserbewegung in den Hohlräumen ist dann möglich, wenn in nicht zu feinkörnigem Material sehr große Standrohrspiegelgefälle wirksam sind, oder wenn sehr grobkörniges Material, wie Kies, Schotter oder Steinschüttung vorliegt, in welchem auch bei mäßigen Geschwindigkeiten der laminare Fließzustand gestört werden kann.

Bemerkenswert ist hierbei, daß der im allgemeinen bei Steigerung der Geschwindigkeit beobachtete, plötzliche Übergang von der laminaren in die turbulente Bewegung bei der Grundwasserströmung nicht festzustellen ist. Die Ursache hiervon liegt in der durch die Struktur des Bodens bedingten, eigenartigen Gestalt des tatsächlichen Fließquerschnittes. Der Querschnittswechsel in der Fließrichtung, der erfahrungsgemäß die Entstehung turbulenter Bewegung begünstigt, ist beim Grundwasser über das ganze Strömungsgebiet gleichmäßig verteilt, so daß eine bedeutende Steigerung des Standrohrspiegelgefälles erforderlich ist, um allmählich an allen Stellen des Strömungsbereiches die laminare Bewegung in turbulente überzuführen.

---

[1] PH. FORCHHEIMER: Hydraulik, S. 43. — L. PRANDTL: Abriß der Strömungslehre, S. 84. Braunschweig. 1931.

Der Einfluß turbulenter Bewegung auf das Widerstandsgesetz äußert sich ähnlich wie jener der Trägheitskräfte darin, daß die Verhältnisgleichheit zwischen J und V in eine quadratische Abhängigkeit übergeht, weil bei turbulenter Bewegung der Reibungswiderstand ungefähr der zweiten Potenz der Geschwindigkeit verhältnisgleich ist.

Als dritte Ursache einer Abweichung vom Darcygesetz sei schließlich noch die jedes einzelne Bodenteilchen umgebende Hülle von sogenanntem adsorbiertem Wasser[1] erwähnt. Dieses Wasser besitzt infolge der molekularen Wechselwirkung zwischen Festsubstanz und Flüssigkeit andere chemische und physikalische Eigenschaften als das gewöhnliche Wasser. Bei sehr feinporigem Material kann dieses adsorbierte Wasser einen beträchtlichen Teil der vorhandenen Hohlräume einnehmen und daher das Widerstandsgesetz in merklicher Weise beeinflussen. Im Bereiche der hier zu behandelnden Aufgaben sei sein Einfluß aber verschwindend klein.

Aus den bisherigen Darlegungen geht hervor, daß weder das Filtergesetz von Darcy noch die quadratische Form des Widerstandsgesetzes streng physikalisch zu begründen sind. Dagegen konnte, wie im folgenden gezeigt wird, durch Modellversuche und deren Auswertung nach den Regeln der Ähnlichkeitsmechanik der Einfluß der Trägheitskräfte auf die Filtergeschwindigkeit nachgewiesen und die Abhängigkeit der Materialbeiwerte k bzw. a und b von der Struktur des Grundwasserträgers und den Eigenschaften der Flüssigkeit aufgezeigt werden.[2] Die Ähnlichkeitsbetrachtungen beziehen sich hierbei auf die tatsächliche Strömung des Wassers in den Hohlräumen und setzen geradlinige Filterbewegung voraus.

Die folgenden Überlegungen stützen sich auf grundlegende Sätze der Ähnlichkeitsmechanik,[3] die, dem vorliegenden Zwecke entsprechend, kurz erläutert werden.

Strömungsvorgänge in zueinander geometrisch ähnlichen Strömungsgebieten sind nur dann auch mechanisch ähnlich, wenn in entsprechenden Punkten die physikalisch wirksamen Kräfte und daher auch ihre Mittelkraft, das ist die Trägheitskraft, im selben Verhältnis zueinander stehen. Nur unter dieser Voraussetzung sind die Bewegungsgleichungen, die das Gleichgewicht der physikalisch wirksamen Kräfte mit der Trägheitskraft zum Ausdruck bringen, für alle Strömungsvorgänge identisch. Sind, wie bei der Grundwasserströmung, nur zwei Kraftgattungen, und zwar Schwere und Reibung physikalisch wirksam, dann genügt zur Kennzeichnung des Kräfteverhältnisses in einem Punkte dieser Strömung

---

[1] F. ZUNKER: Das Verhalten des Bodens zum Wasser. In Handb. d. Bodenlehre, Bd. VI, S. 66f. Berlin. 1930.

[2] Siehe S. 6, Fußnote 3.

[3] „Hütte", I. Bd., S. 330, 1931, woselbst weitere Hinweise.

die Angabe einer einzigen Zahl. In der Ähnlichkeitsmechanik wird hierfür das Verhältnis der Trägheitskraft zur Reibungskraft verwendet, welche Verhältniszahl als die REYNOLD*sche Kennziffer*

$$R = \varrho \frac{V \,.\, l}{\eta} = \frac{V \,.\, l}{\nu} \tag{7}$$

bezeichnet wird. Die REYNOLDsche Kennziffer ist als Verhältnis zweier Kräfte zueinander eine dimensionslose Zahl und ihr Aufbau folgt aus der Überlegung, daß die Trägheitskraft gleich ist dem Produkt aus der Masse $[\varrho \,.\, l^3]$ und der Beschleunigung $[l \,.\, t^{-2}]$, während die Reibungskraft der Fläche $[l^2]$, dem Geschwindigkeitsgefälle $[V \,.\, l^{-1}]$ und der Zähigkeit η verhältnisgleich ist. Das Verhältnis der Zähigkeit η der Flüssigkeit zu ihrer Dichte ϱ wird als die *kinematische Zähigkeit* ν bezeichnet und ist von der Dimension $[l^2 \,.\, t^{-1}]$. Bei der Beurteilung der mechanischen Ähnlichkeit von Strömungen sind die Kennziffern entsprechend Gl. (7) zu bilden, wobei für V die Geschwindigkeit an einander entsprechenden Punkten einzuführen ist und l eine Länge bedeutet, die das Größenausmaß der untereinander geometrisch ähnlichen Strömungsgebiete kennzeichnet. Allen mechanisch ähnlichen Strömungsvorgängen entspricht dann eine und dieselbe Kennziffer.

Es ist naheliegend, bei Anwendung dieser Grundsätze auf Modellversuche zur tatsächlichen Bewegung des Grundwassers für V die Filtergeschwindigkeit zu wählen, weil sie meßbar und den tatsächlichen Wassergeschwindigkeiten verhältnisgleich ist. Für die Länge l wird zweckmäßig der Durchmesser d der kugelförmigen Körner genommen, aus denen das Modell aufgebaut ist. Bei gleichartiger Lagerung solcher Körner, also etwa bei gleichem relativem Hohlraum der Kugelschüttung ist durch Angabe des Kugeldurchmessers d die Struktur des durchströmten Materials eindeutig gekennzeichnet. Unter den obigen Voraussetzungen nimmt die REYNOLDsche Kennziffer die Form

$$R = \frac{V \,.\, d}{\nu} \tag{8}$$

an.

Die Modellversuche[1] wurden an fünf Kugelschüttungen mit Kugeldurchmessern von 1 bis 5 mm und gleichem relativem Hohlraum $\varepsilon = 0{,}38$ durchgeführt, so daß gleichsam geometrische Ähnlichkeit der Strömungsgebiete vorlag. Für jede der fünf Kugelschüttungen wurden in einer der Abb. 1 wenigstens grundsätzlich gleichen Versuchsanordnung das Standrohrspiegelgefälle J und die Filtergeschwindigkeit V bei verschiedenen Durchflüssen gemessen. Die Auswertung der Messungsergebnisse geschah unter Zugrundelegung der sogenannten dimensionslosen Darstellung des Widerstandsgesetzes,[2] bei welcher das zur Erzeugung der

[1] Siehe S. 6, Fußnote 3.

[2] L. PRANDTL: Strömungslehre, S. 125f.

Geschwindigkeit notwendige Standrohrspiegelgefälle mit Hilfe einer dimensionslosen Widerstandszahl ζ durch den Ansatz

$$J = \zeta \frac{1}{d} \cdot \frac{V^2}{2g} \tag{9}$$

ausgedrückt wird. In der Ähnlichkeitsmechanik wird nachgewiesen, daß bei laminarer Bewegung die Größe der Widerstandszahl ζ nur vom Verhältnis der Trägheitskraft zur Reibungskraft abhängt, so daß ζ nur eine Funktion der dieses Verhältnis kennzeichnenden REYNOLDschen Kennziffer R ist. Untereinander mechanisch ähnliche Strömungen haben daher die gleiche Widerstandszahl, so daß das Widerstandsgesetz durch Messung von ζ an *einem* dieser Vorgänge festgelegt werden kann.

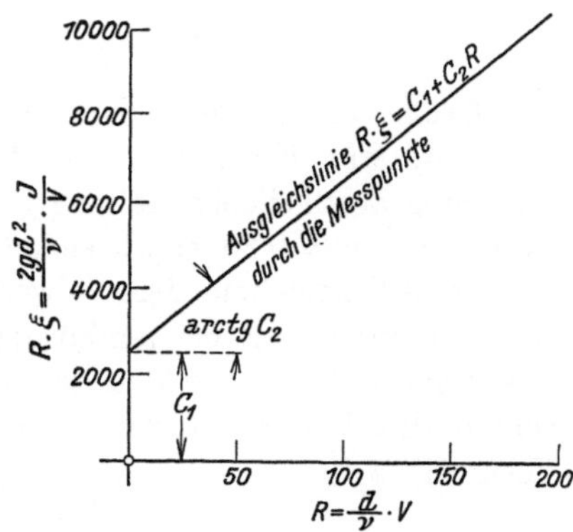

Abb. 3. Darstellung der Versuchsergebnisse über das Widerstandsgesetz.

Besteht dagegen zwischen den einzelnen Strömungsvorgängen nur geometrische Ähnlichkeit hinsichtlich der äußeren Bedingungen, dann werden die ζ-Werte zwar verschieden sein, doch die Art ihrer Abhängigkeit von der Kennziffer ist der Ausdruck für das gesetzmäßige Zusammenwirken von Trägheits- und Reibungskraft.

Berechnet man aus den gemessenen Werten für J und V mit Hilfe der Gln. (8) und (9)

$$\left.\begin{aligned} &\text{die Widerstandszahl} \quad && \zeta = \frac{2\,g\,d}{V^2} \cdot J \\ &\text{und die Kennziffer} \quad && R = \frac{V \cdot d}{\nu} \end{aligned}\right\} \tag{10}$$

und ordnet man dann diese beiden Größen in der Weise einander zu, daß in waagrechter Richtung R und in lotrechter Richtung $R \cdot \zeta$ aufgetragen werden (Abb. 3), dann läßt sich durch die Schar der Meßpunkte zwanglos eine ausgleichende Linie ziehen. Hieraus kann geschlossen werden, daß *allen* Strömungsvorgängen der Versuchsreihe *ein* Widerstandsgesetz gemeinsam ist, dessen formelmäßiger Ausdruck aus der analytischen Darstellung der Ausgleichslinie, also im vorliegenden Falle aus der Gleichung der Geraden

$$R \cdot \zeta = C_1 + C_2 R$$

herzuleiten ist. Ersetzt man hierin R und ζ durch die Ausdrücke (10), dann lautet das Widerstandsgesetz

$$\frac{2\,g\,d^2}{V\,\nu} \cdot J = C_1 + C_2 \frac{V\,d}{\nu}$$

oder

$$J = \frac{C_1 \nu}{2 g d^2} V + \frac{C_2}{2 g d} V^2.$$

Der Vergleich mit der Form (5),

$$J = a V + b V^2$$

zeigt die Abhängigkeit der Materialbeiwerte a und b vom Korndurchmesser d als dem wichtigsten Strukturmerkmal und von der kinematischen Zähigkeit ν der Flüssigkeit. Es ist

$$a = \frac{C_1 \nu}{2 g d^2} \quad \text{und} \quad b = \frac{C_2}{2 g d}. \tag{11}$$

Die Größe der Beiwerte C_1 und C_2 ist von den übrigen Struktureigenschaften, wie Kornform, Oberflächenbeschaffenheit und gegenseitige Lagerung der Teilchen abhängig. Für Kugelschüttungen vom relativen Porenraum $\varepsilon = 0{,}38$ ergab sich beispielsweise $C_1 = 2500$ und $C_2 = 40$.

Die Abhängigkeit der Beiwerte a und b vom Korndurchmesser d läßt erkennen, daß bei feinkörnigem Material, also kleinem d, der Beiwert b gegenüber a sehr klein sein wird, so daß dann, praktisch hinreichend genau, das Widerstandsgesetz in der von Darcy gefundenen, linearen Form (1)

$$J = a V = \frac{C_1 \nu}{2 g d^2} \cdot V = \frac{1}{k} \cdot V \tag{12}$$

gilt.

Für den Festwert k der Gl. (1), der in der Hydrologie allgemein als die *Durchlässigkeit* des Bodens bezeichnet wird, gilt demnach die Beziehung

$$k = \frac{2 g}{C_1 \nu} d^2 \tag{13}$$

die in wesentlicher Übereinstimmung mit dem Gesetz von Hagen-Poiseuille (6) und den Ergebnissen anderer theoretischer Überlegungen[1] die Abhängigkeit der Durchlässigkeitsziffer k von der zweiten Potenz des Korndurchmessers und von der kinematischen Zähigkeit der Flüssigkeit zeigt.

Für Wasser von einer Temperatur von 15^0 C beträgt die kinematische Zähigkeit $\nu = 0{,}012\ \text{cm}^2 \cdot \text{sek}^{-1}$, so daß beispielsweise für ein Material aus kugelförmigen Körnern vom Durchmesser d in cm und dem Porenraum $\varepsilon = 0{,}38$ ein Durchlässigkeitswert $k = 65\, d^2$ cm/sek folgt. Für natürlichen Feinsand vom mittleren Porenraum 0,35 bis 0,40 und abgerundeten Körnern einheitlicher Größe d in cm ergab sich aus zahlreichen Messungen[2] eine mittlere Durchlässigkeitsziffer

$$k \sim 40\, d^2. \tag{14}$$

Die Durchlässigkeit k bzw. der Beiwert a sind nach Gl. (12)

[1] Ph. Forchheimer: Hydraulik, S. 58f.

[2] Ebenda, S. 53.

von der kinematischen Zähigkeit $\nu = \frac{\eta}{\varrho}$ der Flüssigkeit oder, weil die Dichte des Wassers praktisch als unveränderlich anzusehen ist, von der Zähigkeit η des Wassers abhängig. Diese wird, wie die Erfahrungsgleichung[1]

$$\eta = \frac{0{,}00001814}{1 + 0{,}0337\,T + 0{,}00022\,T^2}\ \mathrm{g \, . \, sek \, . \, cm^{-2}}$$

zeigt, mit zunehmender Temperatur kleiner, und zwar beträgt im Temperaturbereich von 5 bis 15° C die Abnahme rund 2,8 v. H. für 1° C. Im gleichen Maße nimmt, wie durch Versuche[2] bestätigt ist, die Durchlässigkeit eines und desselben Materials bei steigender Temperatur des Wassers zu. Diesem Verhalten entsprechend, ist daher bei der versuchstechnischen Bestimmung der Durchlässigkeit immer auch die jeweilige Temperatur des Wassers zu messen.

Ist k die Durchlässigkeitsziffer eines Materials für eine Filterflüssigkeit mit der kinematischen Zähigkeit ν, dann kann die Durchlässigkeit k_1 des gleichen Materials für eine andere Filterflüssigkeit von der kinematischen Zähigkeit ν_1 zufolge Gl. (13) aus

$$k_1 = \frac{\nu}{\nu_1} \, . \, k$$

gefunden werden. Vom physikalischen Standpunkte wäre zur Kennzeichnung der Materialdurchlässigkeit das von der Filterflüssigkeit unabhängige Produkt $k \, . \, \nu = k_1 \, . \, \nu_1 = \frac{2\,g\,d^2}{C_1}$ besser geeignet als der in der Hydrologie gebräuchliche Durchlässigkeitswert k.[3]

Wird grobkörniges Material laminar durchströmt, dann ist infolge des verstärkten Einflusses der Trägheitskraft der Beiwert b in (5) bzw. (11) gegenüber dem Beiwert a nicht mehr zu vernachlässigen, und der Widerstand folgt der Gl. (5). Wie Filterversuche[4] mit natürlichem Grobkies bis zum Korndurchmesser von 20 mm und bis zu Filtergeschwindigkeiten von 25 cm/sek gezeigt haben, entspricht die Form (5) des Widerstandsgesetzes nicht nur im Bereich der laminaren Bewegung, sondern darüber hinaus auch im Übergangsgebiet und bei turbulenter Bewegung. Durch die Größe des Beiwertes b kommt dann der Einfluß der Trägheitskraft und jener der Reibungskraft bei turbulenter Bewegung gemeinsam zum Ausdruck.

Das Einsetzen turbulenter Bewegung ist von der Bodenstruktur, der Temperatur des Wassers und der Größe der Filtergeschwindigkeit ab-

---

[1] PH. FORCHHEIMER: Hydraulik, S. 41.

[2] Ebenda, S. 56. Siehe auch Fußnote 4.

[3] P. NEMÉNYI, siehe S. 6, Fußnote 2.

[4] F. SCHAFFERNAK und R. DACHLER: Das Widerstandsgesetz für die Wasserströmung durch Kies. Wasserwirtsch., H. 15. Wien. 1934.

hängig. Die Kennziffer R, Gl. (8), bei welcher der Übergang von der laminaren zur turbulenten Bewegung beginnt, dürfte bei einem Material aus gleich großen, gut abgerundeten Körnern etwa von der Größenordnung 50 sein.[1] Da z. B. einem Korndurchmesser $d = 2$ mm beim Gefälle $J = 1$, also sehr grobkörnigem Material und großem Gefälle, erst eine Kennziffer $R \sim 30$ entspricht, wird die Bewegung in den natürlichen Grundwasserträgern, die meist aus feinerem Material bestehen und unter bedeutend kleineren Gefällen durchströmt werden, fast immer laminar erfolgen.

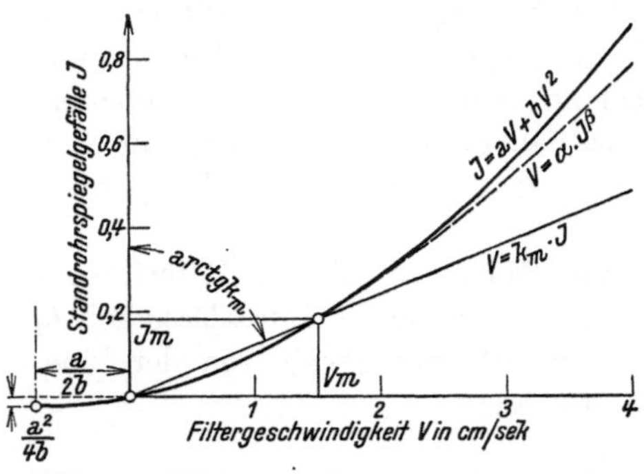

Abb. 4. Widerstandsgesetz für grobkörniges Material.

Zum Schlusse sei noch darauf hingewiesen, daß es bei grobporigem Material oft zweckmäßig ist, an Stelle des quadratischen Widerstandsgesetzes näherungsweise die Potenzformel

$$V = \alpha \,.\, J^{\beta} \tag{15}$$

zu verwenden, weil sich damit die Rechenarbeiten und deren Ergebnisse einfacher gestalten. Der Geltungsbereich dieser Formel ist ein engerer als jener des quadratischen Widerstandsgesetzes. Die Materialbeiwerte α und β sind dem jeweiligen Bereich für J und V derart anzupassen, daß sich innerhalb dieses Bereiches die beiden Formen (5) und (15) des Widerstandsgesetzes möglichst decken.

Oft erfolgt schon die Auswertung der Versuche zur Bestimmung der Bodenbeiwerte unter Zugrundelegung der Potenzformel. Die Größen der Beiwerte α und β sind dann bei logarithmischer Auftragung der Messungsergebnisse aus der Lage der Ausgleichsgeraden unmittelbar zu entnehmen.

Für überschlägige Berechnungen bei grobporigem Material genügt oft die Anwendung des Darcygesetzes mit einem mittleren Durchlässigkeitswert $k_m = \frac{V_m}{J_m}$. Einer der beiden mittleren Werte J_m oder V_m ist schätzungsweise anzunehmen und der zugehörige andere aus dem geltenden Widerstandsgesetz zu rechnen (Abb. 4).

---

[1] Schätzungswert auf Grund der Versuche von LINDQUIST. Siehe S. 6, Fußnote 3.

B. Bestimmung der Bodenbeiwerte.

Die Kenntnis des jeweiligen Widerstandsgesetzes bzw. der Bodenbeiwerte bildet eine unerläßliche Voraussetzung für die Lösung eines Grundwasserproblems, und ihre Bestimmung im Gelände oder im Versuchsraum ist neben den Feststellungen über die Form und über die Größe des Strömungsgebietes eine der wichtigsten Vorarbeiten für jede die Wasserbewegung im durchlässigen Boden betreffende Aufgabe. Im folgenden werden die möglichen Methoden und ihr Anwendungsbereich nur allgemein und kurz gekennzeichnet. Bezüglich der Einzelheiten in der Durchführung wird auf das einschlägige Schrifttum verwiesen.[1]

Die Methode zur Bestimmung der Bodenbeiwerte ist in erster Linie davon abhängig, ob eine Strömung durch natürlichen Boden oder durch künstlich geschüttetes Material, wie z. B. Dämme oder Filteranlagen verschiedenster Art, untersucht werden soll. Mitbestimmend sind aber auch der dem Zweck der Aufgabe entsprechende Genauigkeitsgrad und die zur Verfügung stehenden Mittel.

Die Bestimmung der Bodenbeiwerte *im Gelände*, die bei Durchströmung natürlicher Böden allen anderen Methoden vorzuziehen ist, erfolgt meist im Zusammenhang mit den Erhebungen über den geologischen Aufbau und die Begrenzungen des Grundwasserträgers. Sie beruht auf geeigneten Messungen an einer vorhandenen, natürlichen Grundwasserströmung oder an einer Strömung, die für den Zweck der Durchlässigkeitsbestimmung künstlich erzeugt wird, wie z. B. bei Brunnen oder Schlitzen, wenn diesen eine bestimmte Wassermenge in der Zeiteinheit entnommen oder zugeführt wird. Für die Bestimmung der Bodenbeiwerte eignen sich solche Strömungen,[2] bei welchen die einfach meßbaren Fließquerschnitte auch Flächen gleicher Filtergeschwindigkeit sind und wo das für die Geschwindigkeit maßgebende Standrohrspiegelgefälle — es ist dies bei den Beobachtungen im Gelände häufig das Gefälle des Grundwasserspiegels — mit der erforderlichen Genauigkeit gemessen werden kann.

Die Messung der Filtergeschwindigkeit ist dabei grundsätzlich auf zweierlei Weise möglich, und zwar durch Messung der Querschnittsfläche F und des zugehörigen Durchflusses Q, womit die Filtergeschwindigkeit V aus $V = Q : F$ gerechnet werden kann oder durch Messung der wahren

[1] E. Prinz: Handb. der Hydrologie. Berlin. 1923. — K. Terzaghi: Erdbaumechanik, S. 111. — Handb. der Bodenlehre, VI. Bd., S. 147f. — R. Ehrenberger: Versuche über die Ergiebigkeit von Brunnen und Bestimmung der Durchlässigkeit des Sandes. Z. öst. Ing.- und Arch.-Ver., 1928, H. 9 bis 14. — K. v. Terzaghi: Sickerverluste aus Kanälen. Wasserwirtsch., H. 18/19. Wien. 1930. Siehe auch S. 13, Fußnote 4, S. 16, Fußnote 1, S. 18, Fußnote 1 u. 2, und S. 19, Fußnote 1.

[2] Siehe S. 24, 27, 29, 30 und 42.

Grundwassergeschwindigkeit V_w und des relativen Porenraumes ε, womit V aus Gl. (2) zu bestimmen ist.

Die Messung der wahren Grundwassergeschwindigkeit setzt die genaue Kenntnis der Strömungsrichtung voraus und wird durchgeführt, indem man dem Grundwasser Stoffe beimengt, welche die für den Fließvorgang maßgebenden physikalischen Eigenschaften des Wassers, also insbesondere seine Zähigkeit, wenig verändern und die stromabwärts durch ihre Färbekraft oder auf chemischem oder elektrischem Wege nachgewiesen werden können. Aus der Weglänge und der zugehörigen Fließdauer dieser Beimengung folgt unmittelbar die wahre Grundwassergeschwindigkeit.

Der relative Porenraum ist an einer Bodenprobe zu bestimmen, deren natürliches Gefüge, besonders wenn nichtbindiges Material vorliegt, zu diesem Zwecke fast immer gestört werden muß. Hierin liegt eine Fehlerquelle des Verfahrens. Weil aber der Porenraum der natürlichen Böden innerhalb verhältnismäßig enger Grenzen, und zwar zwischen 0,25 und 0,50 liegt, ist bei sorgfältigem Vorgehen der relative Fehler bei der Bestimmung von ε kaum größer als jener bei Bestimmung des Gefälles. Immerhin gebührt der Bestimmung der Filtergeschwindigkeit aus Durchfluß und Fläche der Vorzug, weil dabei keine Struktureigenschaft gesondert zu bestimmen ist und weil durch dieses Meßverfahren die Bodenstruktur größerer Gebiete unabhängig von den örtlichen Verschiedenheiten summarisch erfaßt werden kann.

Die Bestimmung der Bodenbeiwerte im Gelände liefert die genauesten Ergebnisse. Die hierzu notwendigen Vorkehrungen und insbesondere die Erhaltung eines länger dauernden Beharrungszustandes für eine künstlich erzeugte Grundwasserströmung erfordern aber meist größere Aufwendungen. Man hat daher Verfahren geschaffen, die durch Beobachtung des zeitlichen Verlaufes von Durchfluß, Querschnitt oder Gefälle während einer kurzdauernden, nichtstationären Grundwasserströmung einen Schluß auf die Bodendurchlässigkeit gestatten.[1]

Die Bestimmung der Materialbeiwerte aus einzelnen Proben im *Versuchsraum* kommt dann in Frage, wenn unter Verzicht auf besondere Genauigkeit rasch ein Überblick über die Größenordnung der Durchlässigkeit eines Gebietes gewonnen werden soll oder wenn die Strömung bzw. Wasserdurchlässigkeit an einem geplanten Bauwerk aus durchlässigem Material, wie Dammerde, Sand, Kies, Natur- oder Kunststein, zu untersuchen ist. Hierfür stehen zwei Verfahren zur Verfügung, und zwar ein direktes, bei dem die Bodenbeiwerte aus der Durchströmung einer Materialprobe bestimmt wird, und ein indirektes, bei dem auf Grund der Ergebnisse einer Bodenanalyse die Durchlässigkeit aus Struktur-

[1] J. Kozeny: Über Bodendurchlässigkeit. Wasserwirtsch., H. 33 und 34. Wien. 1931.

eigenschaften mit Hilfe empirischer Formeln gerechnet werden kann.

Beim Durchströmungs- oder Filterversuch wird man trachten, die Probe derart in die Versuchsvorrichtung einzubringen, daß ihre Struktur jener des Materials in dem zu untersuchenden Strömungsbereich möglichst nahe kommt. Bei Proben eines natürlichen Bodens ist die natürliche

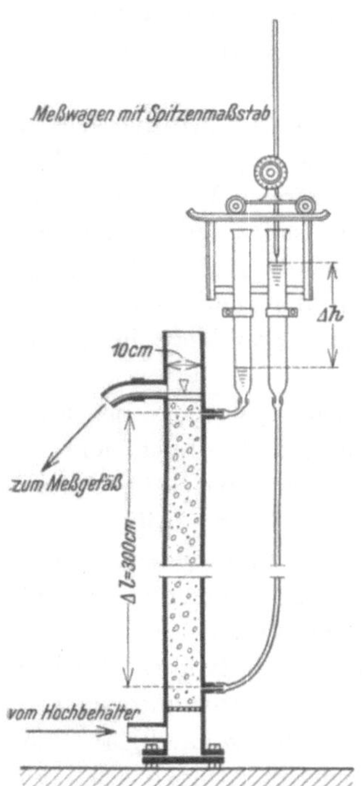

Abb. 5. Meßgerät zur Bestimmung der Durchlässigkeit gestörter Bodenproben (Hydrologisches Institut der Technischen Hochschule in Wien).

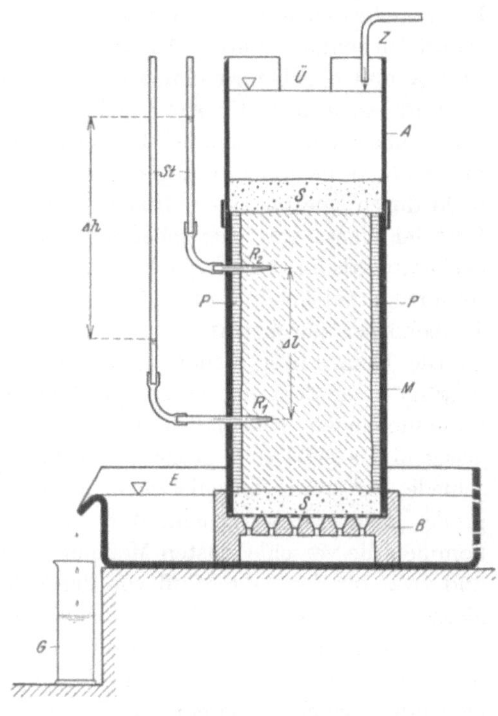

Abb. 6. Meßgerät zur Bestimmung der Durchlässigkeit ungestörter Bodenproben nach K. Terzaghi.

A Blechaufsatz, *B* durchlöcherte Fußplatte, *E* Wasserbecken, *G* Meßgefäß, *P* Paraffinausgießung, R_1, R_2 gelochte Kupferröhrchen, *M* Mannesmannrohr, *S* Filtersand, *St* Standrohre, *Ü* Überfall, *Z* Wasserzuleitung.

Struktur womöglich ungestört zu erhalten. Ist dies, wie z. B. bei rolligem Material, undurchführbar, dann muß die Bodenprobe ebenso wie die Probe eines durchlässigen Baustoffes wenigstens auf jenen relativen Porenraum verdichtet werden, der der natürlichen Lagerung des Bodens bzw. der Lagerung des Materials im Bauwerk entspricht.

Bei der Versuchsdurchführung wird fast immer eine zylindrische Materialprobe axial in lotrechter Richtung durchströmt (Abb. 5 und 6). Aus der gemessenen Durchflußmenge Q und dem bekannten Querschnitt F

des Probekörpers kann die Filtergeschwindigkeit und aus dem gemessenen Unterschied Δh der Standrohrspiegelhöhen und der Entfernung Δl der Druckmeßstellen kann das Standrohrspiegelgefälle berechnet werden. Bei dieser geradlinigen Strömung sind die Filtergeschwindigkeit und das Standrohrspiegelgefälle einander eindeutig zugeordnet, so daß allfällige gesetzmäßige Abweichungen vom Darcygesetz durch wiederholte Messung bei verschiedenen Gefällen feststellbar sind und grobkörniges Material erforderlichenfalls durch Angabe der beiden Materialzahlen a und b bzw. α und β gekennzeichnet werden kann.

Voraussetzungen für richtige Ergebnisse eines solchen Filterversuches sind neben entsprechender Sorgfalt bei der Messung von Durchfluß und Gefälle die Verwendung reinen, möglichst luftfreien Wassers, damit nicht durch Bildung einer Filterhaut oder durch Bläschen ausgeschiedener Luft der Wasserdurchzug gehemmt wird und weiters die richtige Lagerung des Materials in der Versuchseinrichtung, damit die gemessene Durchflußmenge tatsächlich zur Gänze und in gleichmäßiger Verteilung den Probekörper durchzieht.

Die beim Filterversuch zu messenden Größen schwanken bei Einhaltung einer dem Zweck entsprechenden Genauigkeit je nach dem zu untersuchenden Material innerhalb weiter Grenzen. Bei sehr durchlässigem Material sind große Durchflußmengen und kleine Höhenunterschiede, bei wenig durchlässigem Material kleine Durchflußmengen und große Höhen bzw. Druckunterschiede zu messen. Dementsprechend kommen die verschiedensten Meßmethoden für diese Größen in Betracht, und zwar für den Durchfluß von der Zählung einzelner Tropfen[1] bis zur Messung mittels Überfall und für die Messung der Höhenunterschiede die Verwendung von Präzisionsinstrumenten, wie Spitzenmaßstab und optische Vergrößerung[1] bis zur Messung der mehrere Atmosphären betragenden Drücke mit dem Manometer.[2] Die Hauptabmessungen solcher Versuchseinrichtungen und ihre Ausrüstung mit Meßgeräten sind also in erster Linie vom Durchlässigkeitsbereich abhängig, der damit erfaßt werden soll, und weisen, wie das einschlägige Schrifttum zeigt, eine große Mannigfaltigkeit auf.

Zur Abkürzung der Versuchsdauer können die Messungen auch während einer mit der Zeit veränderlichen Durchströmung der Materialprobe ausgeführt werden. Erfolgt die Strömung unter der Einwirkung des veränderlichen Standrohrspiegelunterschiedes h (Abb. 7), dann kann ohne unmittelbare Mengenmessung aus dem zeitlichen Verlauf von h der Bodenbeiwert k berechnet werden. Denn es folgt aus

---

[1] K. Beger: Versuche zur Bestimmung der Wasserdurchlässigkeit von Sand. Bauing., H. 22. 1922.

[2] F. Tölke: Die Prüfung der Wasserdichtigkeit von Beton. Ing.-Arch. Berlin. 1931.

$$-q\,.\,dt = F\,.\,dh \quad \text{und} \quad q = F\,.\,V = F\,.\,k\,.\,\frac{h}{l}$$

$$k = \frac{l}{t}\ln\frac{h_0}{h}.$$

Hierin ist h_0 der wirksame Standrohrspiegelunterschied am Beginn der Beobachtung und h jener nach der Zeit t.

Für sehr feinkörnige Bodenproben kann bei Kenntnis des relativen Porenraumes auch durch Messung der mit der Zeit fortschreitenden kapillaren Durchfeuchtung die Durchlässigkeit bestimmt werden.[1]

Die *Berechnung* der Durchlässigkeit auf Grund bestimmter, aus der Bodenanalyse bekannter Struktureigenschaften, kommt nur dort in Frage, wo die Kenntnis der beiläufigen Größenordnung des Durchlässigkeitswertes genügt, also etwa bei generellen Vorarbeiten, oder wo zwar eine genauere Bestimmung beabsichtigt ist, aber deren Durchführung im einzelnen erst auf Grund des Ergebnisses einer einfachen, überschlägigen Berechnung festgelegt werden soll.

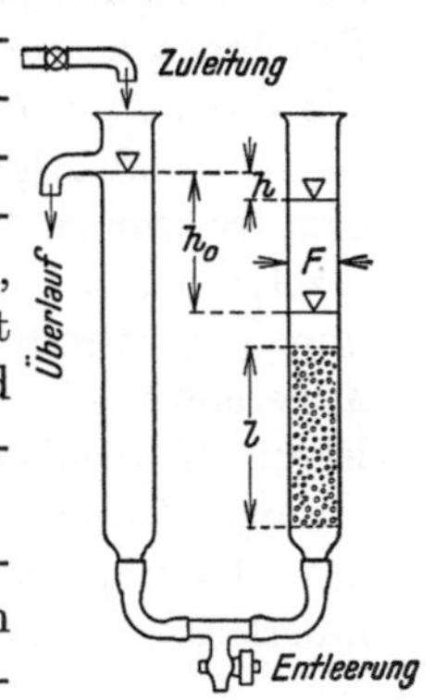

Abb. 7. Bestimmung der Durchlässigkeit ohne unmittelbare Durchflußmessung.

Theoretische Überlegungen und direkte Durchlässigkeitsmessungen brachten, soweit dies bei der großen Mannigfaltigkeit im Aufbau durchlässiger Stoffe überhaupt möglich ist, einigen Aufschluß über die Abhängigkeit der Durchlässigkeitsziffer vom relativen Porenraum, von der Kornform und der Körnerverteilung.[2] Das für praktische Anwendungen unmittelbar brauchbare Ergebnis der einschlägigen Untersuchungen läßt sich dahin zusammenfassen, daß bei dichtester Lagerung, also $\varepsilon \sim 0{,}25$, die Durchlässigkeit etwa bis auf ein Fünftel jener bei mittlerem relativen Porenraum, d. i. bei $\varepsilon \sim 0{,}35$ bis 0,40, sinkt, während sie bei lockerster Lagerung, also $\varepsilon \sim 0{,}50$, den drei- bis vierfachen Wert hiervon annehmen kann. In ähnlicher Weise äußert sich der Einfluß der Kornform. Bei Material aus eckigen, splitterigen Körnern kann die Durchlässigkeit ungefähr bis auf ein Viertel des Wertes sinken, der gut abgerundeten Körnern entspricht. Bei ein und derselben Größe des Kornes kann daher bei lockerer Lagerung rundlicher Körner die Durchlässigkeit etwa zwanzigmal so groß sein wie jene bei dichter Lagerung scharfkantiger Körner. Hieraus ist zu ersehen, daß selbst bei gleichkörnigem Material

[1] J. Kozeny: Über den kapillaren Aufstieg des Wassers im Boden. Kulturtechniker, H. 1. Breslau. 1924. — K. Terzaghi: Bodenuntersuchungen f. d. Granville-Damm in Westfield, Mass. J. New England Water Works Assoc., Vol. XLIII, Nr. 2. (In englischer Sprache.) — A. Casagrande: Untersuchung über Atterbergs Bodengrenzen, Public roads, Vol. 13, Nr. 8. 1932. (In englischer Sprache.)

[2] Ph. Forchheimer: Hydraulik, S. 58f.

mit Hilfe einer einfachen Formel vom Bau der Gl. (14) nur die beiläufige Größenordnung der Durchlässigkeit besitmmt werden kann.

In erhöhtem Maße gilt dies für gemischtkörniges Material, bei welchem außer dem relativen Porenraum und der Größe und Form der Körner auch noch der verhältnismäßige Anteil der einzelnen Körner am Gemisch, also die Körnerverteilung, zu berücksichtigen ist. Um auch für ein solches Material die Größenordnung der Durchlässigkeit beurteilen zu können, führte man den Begriff des *wirksamen Korndurchmessers* d_w ein.[1] Es ist dies jener Korndurchmesser, der, sofern nur Körner von diesem Durchmesser vorhanden wären, dieselbe Durchlässigkeit liefern würde wie das gemischtkörnige Material.

Ein eindeutiger Zusammenhang zwischen der Körnerverteilung und dem wirksamen Korndurchmesser besteht nicht, doch hat die Erfahrung gezeigt, daß bei vielen natürlichen Sanden der wirksame Korndurchmesser ungefähr jener ist, der das Gesamtgewicht einer Probe gemischtkörnigen Materials in 10 v. H. feineres und 90 v. H. gröberes Korn scheidet. Damit ist die Möglichkeit gegeben, die einfache Formel (14) auch für gemischtkörniges Material anzuwenden und bei entsprechender Berücksichtigung des relativen Porenraumes und der Kornform die Grenzen abzuschätzen, innerhalb der die Durchlässigkeit eines solchen Materials liegen kann.

---

[1] A. Hazen: The Filtration of Public Water-Supplies. 24. Jber. d. staatl. Gesundheitsamtes von Massachusetts für 1892. New York. 1895.

Zweiter Abschnitt.

Die Strömungsformen des Grundwassers. Ihre Bestimmung und Verarbeitung bei der Lösung praktischer Aufgaben.

Eine Grundwasseraufgabe wird als vollständig gelöst betrachtet, sobald für jeden Punkt des Strömungsgebietes die Größe und die Richtung der Filtergeschwindigkeit und der Wasserdruck bestimmbar sind. Eine solche vollständige Lösung wird am anschaulichsten durch das Strömungsbild der Filterbewegung vermittelt, wenn gleichzeitig die Form des Widerstandsgesetzes und die zugehörigen Materialbeiwerte bekannt sind. Denn aus dem Strömungsbild kann immer die Lage der Fließquerschnitte bestimmt, also die jeweils geltende Form der Raumgleichung hergeleitet werden, deren Verbindung mit dem Widerstandsgesetz die erforderlichen Beziehungen zur Bestimmung der Filtergeschwindigkeit und des Druckes liefert.

Im folgenden wird zunächst die Strömung in solchen Gebieten behandelt, die hinsichtlich ihrer Durchlässigkeit als vollkommen gleichartig betrachtet werden können. Für die Gliederung innerhalb dieser Aufgabengruppe ist der allgemeine Verlauf der Filterbewegung, und zwar ob diese geradlinig oder krummlinig verläuft, maßgebend. Verlangen die Randbedingungen eine geradlinige oder nur sehr wenig gekrümmte Filterbewegung, dann sind nicht nur bei feinkörnigem Material, das dem Darcygesetze entspricht, sondern auch bei grobkörnigem Material genaue rechnerische Lösungen möglich, weil dann der Anwendung eines anderen Widerstandsgesetzes keine grundsätzlichen Schwierigkeiten entgegenstehen.

Bei krummliniger Filterbewegung sind dagegen nur bei entsprechend feinkörnigem Material, also im Geltungsbereiche des Darcygesetzes, genaue Lösungen zu erwarten. Man wird aber auch darüber hinaus von der linearen Form des Widerstandsgesetzes Gebrauch machen und sich mit mehr oder weniger rohen Näherungslösungen begnügen müssen, weil die Verwendung jedes anderen Widerstandsgesetzes bei stark gekrümmter Filterbewegung nicht möglich ist.[1]

[1] Siehe S. 7.

A. Geradlinige Filterbewegung.

Die Grundwasserströmungen mit geradliniger Filterbewegung können *eindimensionale, ebene* oder *räumliche* Strömungen sein. Alle hierbei auftretenden Strömungsbilder lassen sich theoretisch aus jenen Strömungen herleiten, die bei allseits gleichmäßigem Zufluß zu einer punktförmigen Senke bzw. von einer Quelle im Raum oder in der Ebene entstehen. Die Filterbewegungen dieser Art sind dadurch ausgezeichnet, daß in den einzelnen Querschnitten, die aus parallelen Ebenen, konzentrischen Kreiszylindern oder ebensolchen Kugeln bestehen, nicht nur die Standrohrspiegelhöhe, sondern auch das Standrohrspiegelgefälle konstant ist, so daß jede Querschnittsfläche gleichzeitig auch eine Fläche gleicher Geschwindigkeit darstellt. Diesem Umstande verdanken alle hierher gehörigen Aufgaben ihre einfache Lösung, denn es ist immer leicht möglich, die besondere Form der Raumgleichung $Q = F \,.\, V$ mit dem jeweils geltenden Widerstandsgesetz zur vollständigen Lösung der Aufgabe zu verbinden.

An den folgenden Beispielen wird der Sachverhalt näher erläutert. Dabei wird an erster Stelle das Darcygesetz zugrunde gelegt und die Verwendung anderer Formen des Widerstandsgesetzes entsprechend ihrer geringeren praktischen Bedeutung nur fallweise angedeutet.

I. Genau lösbare Aufgaben.

a) Eindimensionale Strömung.

Zwischen zwei dichten ebenen Schichten AB und CD (Abb. 8) sei ein Grundwasserträger von der Mächtigkeit d eingeschlossen und in den beiden Querschnitten AC und BD seien die Standrohrspiegelhöhen h_1 und h_2. Die Kontinuität der Strömung ermöglicht unter diesen Voraussetzungen nur eine gleichförmige Parallelbewegung zwischen den Endquerschnitten, also eine eindimensionale Strömung. Da die Filtergeschwindigkeit im ganzen Bereich die gleiche ist, muß, unabhängig von der Form des Widerstandsgesetzes, auch das relative Standrohrspiegelgefälle überall gleich groß sein. Die Drucklinie zu jeder Stromlinie ist daher eine Gerade und die Druckhöhe für einzelne Punkte des Bereiches ist durch deren lotrechten Abstand von der zugehörigen Drucklinie gegeben. Der Druckverlauf im Strömungsgebiet wird am anschaulichsten durch die Linien gleichen Druckes gekennzeichnet. Diese stehen normal zum Druckgefälle, dessen Richtung sich aus der graphischen Zusammensetzung des Standrohrspiegelgefälles $\frac{h_1 - h_2}{l}$ mit dem Höhengefälle eins ergibt (Abb. 8, rechts).

Die Form des Widerstandsgesetzes beeinflußt bei dieser einfachsten

Bewegungsweise nur die Größe der im ganzen Bereich konstanten Geschwindigkeit und damit auch die Sickerwassermenge. Diese ergibt sich durch Verbindung der Raumgleichung mit dem Widerstandsgesetz und beträgt, bezogen auf die Schichtdicke eins, bei Gültigkeit des Filtergesetzes von Darcy

$$q = V \,.\, d = k \,.\, J \,.\, d = k\, \frac{h_1 - h_2}{l}\, d$$

und für das quadratische Widerstandsgesetz oder die Potenzformel

$$\frac{h_1 - h_2}{l} = a\left(\frac{q}{d}\right) + b\left(\frac{q}{d}\right)^2$$

oder

$$\frac{q}{d} = \alpha\left(\frac{h_1 - h_2}{l}\right)^{\beta}.$$

Die Abb. 1 stellt den waagrechten Sonderfall dieser Strömungsart dar.

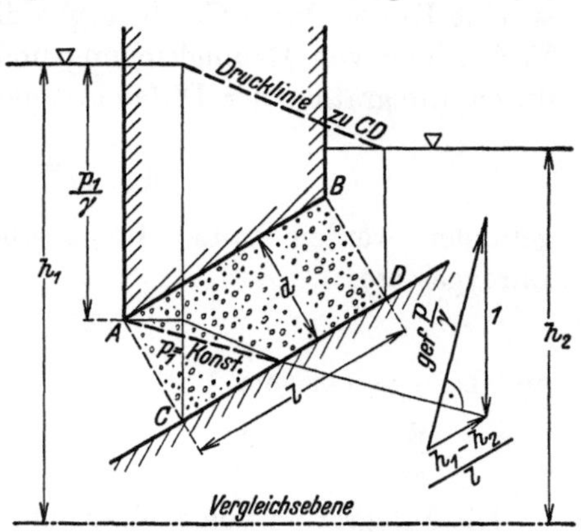

Abb. 8. Eindimensionale Filterbewegung.

b) Ebene Strömung.

Ein anderes, durch die Form und die Randbedingungen des Bereiches unmittelbar gegebenes Strömungsbild entsteht dann, wenn aus einem zwischen waagrechten, undurchlässigen Schichten eingeschlossenen Grundwasserträger mittels eines kreisförmigen Brunnens Wasser entnommen wird und wenn dabei der Strömungsbereich nach außen durch eine zum Brunnen konzentrische Zylinderfläche vom Radius R begrenzt ist, längs welcher der Standrohrspiegel auf gleicher Höhe H gehalten wird. Die Zuströmung zum Brunnen erfolgt dann radial in waagrechten Ebenen und die Querschnitte sind lotrechte konzentrische Zylinderflächen.

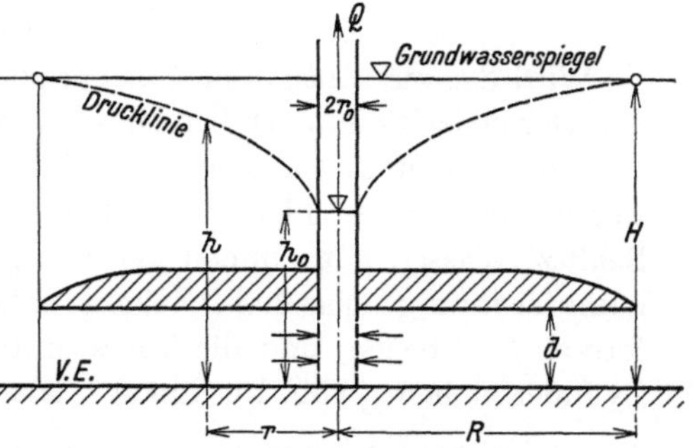

Abb. 9. Waagrechte Strömung zu einem Brunnen.

Die Abb. 9 zeigt eine in der Natur mögliche Anordnung, die den obigen Voraussetzungen entspricht, denn die Standrohrspiegelhöhe H im Abstande R kann wegen der verhältnismäßig geringen Zuströmgeschwindigkeit im Raume außerhalb R praktisch als unveränderlich angesehen werden.

Da die Bewegung nicht mehr gleichförmig ist, sondern die Filtergeschwindigkeit mit Annäherung an den Brunnen zunimmt, muß auch das Standrohrspiegelgefälle nach innen zu größer werden. Der Meridianschnitt durch die allen waagrechten Schichten gemeinsame Druckfläche ist eine Kurve, deren Gefälle gegen die Mitte stetig wächst und die durch Verbindung von Raumgleichung und Widerstandsgesetz, also allgemein durch Integration der Differentialgleichung

$$\frac{Q}{2\pi r d} = V = f\left(\frac{dh}{dr}\right)$$

gefunden werden kann. Im besonderen ist im Geltungsbereich des Darcygesetzes

$$\frac{Q}{2\pi r d} = k \cdot \frac{dh}{dr} \tag{16}$$

und bei grobporigem Material

$$\frac{dh}{dr} = a\left(\frac{Q}{2\pi r d}\right) + b\left(\frac{Q}{2\pi r d}\right)^2 \quad \text{oder} \quad \frac{Q}{2\pi r d} = \alpha\left(\frac{dh}{dr}\right)^{\beta}.$$

Die Integration von (16) ergibt

$$h + C = \frac{Q}{2\pi k d} \ln r,$$

woraus nach Einführung der Randbedingung $h = H$ für $r = R$ die Gleichung der Drucklinie

$$h = H - \frac{Q}{2\pi k d} \ln \frac{R}{r}$$

folgt. Die Standrohrspiegelhöhe h_0 am Brunnenrand ($r = r_0$) ergibt sich hieraus zu

$$h_0 = H - \frac{Q}{2\pi k d} \ln \frac{R}{r_0}. \tag{17}$$

Wird das zur Entnahme Q gehörige h_0 gemessen, dann kann aus (17) der Durchlässigkeitswert berechnet werden.

Wird einem ausgedehnten Grundwasserträger, der oben von einer waagrechten undurchlässigen Schicht begrenzt ist, durch einen langen Schlitz Wasser entnommen oder zugeführt und ist die Schlitzsohle halbkreisförmig ausgehöhlt, dann entsteht eine radiale Strömung in lotrechten Ebenen, und die Querschnitte sind waagrechte konzentrische Zylinderflächen (Abb. 10, links). Die Größe der Geschwindigkeit im Querschnitt r folgt aus $V = \frac{q}{\pi r}$, worin q den Durchfluß in 1 m Schlitzlänge bedeutet. Ist das Darcygesetz anwendbar, dann kann der Standrohrspiegelverlauf längs einer Stromlinie durch Integration der Gleichung

$$\frac{q}{\pi r} = k \cdot \frac{dh}{dr}$$

bestimmt werden. Es folgt zunächst

$$\frac{q}{\pi k} \ln r = h + C$$

und hieraus, wenn h in einem der Querschnitte, etwa in der Schlitzsohle, bekannt ist, die Gleichung für die Standrohrspiegelhöhe:

$$h = h_0 + \frac{q}{\pi k} \ln \frac{r}{r_0}. \tag{18}$$

Hiernach nimmt h mit wachsender Entfernung von Schlitz unbeschränkt zu, so daß ein Beharrungszustand praktisch nur möglich ist, wenn in endlicher Entfernung vom Schlitz der Standrohrspiegel bzw. der Druck auf gleichbleibender Höhe erhalten werden.

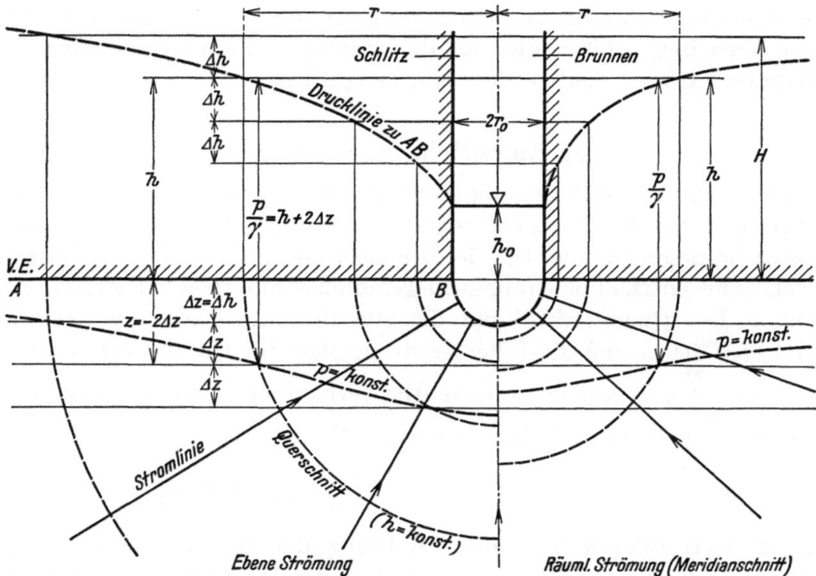

Abb. 10. Strömung unter waagrechter Deckschicht zu einem Schlitz bzw. Brunnen mit kreiszylindrischer bzw. kugelförmiger Sohle.

Soll der Druckverlauf in einem Strömungsgebiet durch die Linien gleichen Druckes gekennzeichnet werden, so kann dies analytisch geschehen, indem z. B. in Gl. (18) h durch $z + \frac{p}{\gamma}$ und r durch $\sqrt{x^2 + z^2}$ ersetzt werden. Die so entstehende Beziehung zwischen den Koordinaten x und z des Punktes und dem Druck p ist der analytische Ausdruck für die Schar der Linien gleichen Druckes. Ein anschaulicheres Ergebnis erhält man rasch durch ein graphisches Verfahren, das allgemein anwendbar ist, wenn aus den Linien gleichen Standrohrspiegels die Linien gleichen Druckes abzuleiten sind. Die drei richtungslosen Größen h, z und $\frac{p}{\gamma}$ sind durch die Gleichung (4) miteinander verbunden. Ist in einem Strömungsgebiet der Verlauf für zwei von diesen Größen, etwa für h und z, durch die Linien gleichen Standrohrspiegels und gleicher Ortshöhe, also durch die sogenannten Niveaulinien für h und z gegeben, so ist in jedem Schnittpunkt der beiden Linienscharen auch der Wert der dritten Größe, das ist der Druck, angebbar, denn es gilt überall $p = \gamma (h - z)$. Zeichnet man überdies nur jene Niveaulinien, die gleichen Unterschieden $\Delta h = \Delta z$ in der Aufeinanderfolge entsprechen, dann gibt die diagonale Verbindung der Schnittpunkte die Linien gleicher Druckhöhe (Abb. 10). *Welche* der beiden Diagonalenscharen hierfür in Betracht kommt, ergibt sich aus der sinngemäßen Anwendung der Gl. (4). Dieses Verfahren ist für die Summierung richtungsloser, in einem Gebiet stetig verteilter Größen, also für die graphische Zusammensetzung sogenannter skalarer Felder, allgemein anwendbar.

c) Räumliche Strömung.

Wird dem Grundwasserträger nicht durch einen Schlitz, sondern durch einen bis zur undurchlässigen Deckschicht abgeteuften Brunnen Wasser entnommen und ist die Brunnensohle halbkugelförmig ausgebildet, dann entsteht eine räumliche geradlinige Filterbewegung (Abb. 10, rechts). Die Querschnitte sind die zur Brunnensohle konzentrischen Halbkugelflächen und die Filtergeschwindigkeit im Querschnitte r kann aus $V = \frac{Q}{2\pi r^2}$ berechnet werden. Die Verbindung dieser Gleichung mit dem jeweils geltenden Widerstandsgesetz liefert

$$\frac{Q}{2\pi r^2} = k \cdot \frac{dh}{dr} \quad \text{bzw.} \quad \frac{dh}{dr} = a\left(\frac{Q}{2\pi r^2}\right) + b\left(\frac{Q}{2\pi r^2}\right)^2 \quad \text{oder} \quad \frac{Q}{2\pi r^2} = \alpha\left(\frac{dh}{dr}\right)^\beta,$$

woraus nach Integration und Einführung der Randbedingungen die Formeln abzuleiten sind, die für ein bestimmtes Material den Zusammenhang zwischen den Abmessungen des Brunnens und der Entnahme zeigen.

Die dem Ruhezustand des Grundwassers entsprechende Standrohrspiegelhöhe H bleibt auch während der Entnahme in sehr großer — theoretisch unendlicher — Entfernung vom Brunnen erhalten, so daß $h = H$ für $r = \infty$ als Randbedingung zur Bestimmung der Integrationskonstanten herangezogen werden kann. Im besonderen gilt im Anwendungsbereich des Darcygesetzes

$$h + C = -\frac{Q}{2\pi k} \cdot \frac{1}{r}$$

woraus mit der obigen Randbedingung die Gleichung

$$h = H - \frac{Q}{2\pi k r} \tag{19}$$

für den Meridianschnitt durch die Druckfläche zur waagrechten Deckschicht folgt.

Wird außer der Entnahme noch ein Punkt der Drucklinie, etwa jener am Brunnenrand ($r = r_0$, $h = h_0$), eingemessen, dann eignet sich Gl. (19) zur Berechnung des Durchlässigkeitswertes. Die zur Wasserspiegelsenkung $(H - h_0)$ im Brunnen gehörige Entnahme beträgt

$$Q = k\,(H - h_0)\,2\pi\,r_0.$$

Bei den bisher beschriebenen Strömungen ist der Strömungsbereich nur von Querschnitten und festen Stromflächen und von keinem freien Grundwasserspiegel begrenzt. Es liegt also gespanntes, sogenanntes artesisches Grundwasser vor.

II. Näherungslösungen bei vorwiegend waagrechter Strömung unter freier Oberfläche.

Eine andere, wegen ihres häufigen Vorkommens in der Natur besonders wichtige Bewegungsweise des Grundwassers ist jene, bei welcher der Strömungsbereich unten durch eine waagrechte, undurchlässige Schicht und oben durch den freien Grundwasserspiegel begrenzt wird. Die einfachsten Strömungen dieser Art sind jene in lotrechten Ebenen, die entweder zueinander parallel oder radial gerichtet sind, je nachdem die Bewegung zu einem langen Schlitz oder zu einem Brunnen erfolgt.

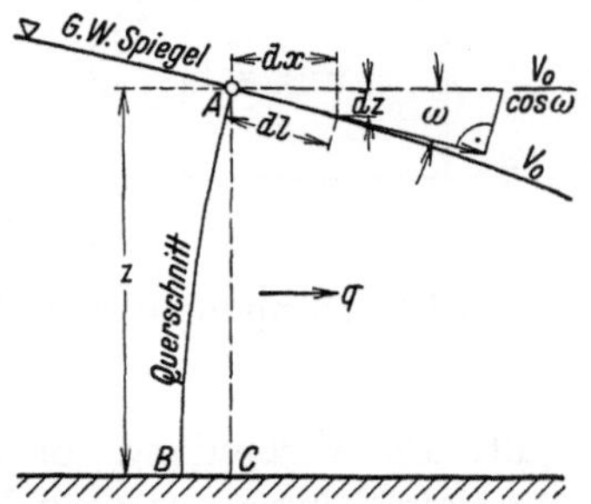

Abb. 11. Grundwasserstrom mit kleinem Gefälle über waagrechter Sohle.

Ist das Gefälle des freien Grundwasserspiegels im Punkte A (Abb. 11) klein, dann ist der zugehörige Querschnitt nahezu lotrecht und die Filtergeschwindigkeit längs dieses Querschnittes ist nur wenig verschieden von der Filtergeschwindigkeit V_0 im Oberflächenpunkte A. Unter dieser Voraussetzung kann man,[1] wie Messungen im Gelände und an Modellen sowie theoretische Überlegungen[2] gezeigt haben, den Durchfluß unterhalb A auf den lotrechten Schnitt AC beziehen und hierfür die waagrechte Geschwindigkeit $V_0 : \cos\omega$ als maßgebend ansehen. Bei dieser näherungsweisen Betrachtung kommt es nicht auf das tatsächliche Strömungsbild und die Geschwindigkeitsverteilung im Querschnitte, sondern nur auf den Verlauf des Grundwasserspiegels an. Bezieht man diesen auf ein rechtwinkeliges Achsenkreuz und liegt die waagrechte Achse in der unteren Begrenzung des Grundwasserträgers, so daß z die Höhe des Grundwasserspiegels über der undurchlässigen Schicht bedeutet, dann

[1] J. Dupuit - Ph. Forchheimer, siehe dessen Hydraulik, S. 70.
[2] Siehe S. 88f.

lautet die Raumgleichung

$$q = z \cdot V_0 \cdot \frac{dl}{dx}. \tag{20}$$

Das für die Geschwindigkeit an der Oberfläche maßgebende Standrohrspiegelgefälle ist, weil der Druck an der Oberfläche null ist, gleich dem Gefälle der Oberfläche selbst, also

$$J_0 = \sin \omega = \frac{dz}{dl},$$

sodaß bei Anwendbarkeit des Darcygesetzes für die Oberflächengeschwindigkeit die Gleichung

$$V_0 = k \cdot J_0 = k \cdot \frac{dz}{dl} \tag{21}$$

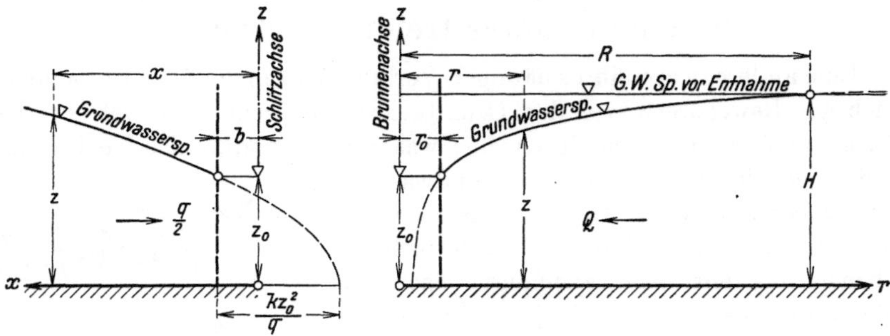

Abb. 12. Strömung über waagrechter Sohle zu einem Schlitz bzw. Brunnen.

gilt. Die Verbindung von (20) und (21) führt schließlich auf die Differentialgleichung des Grundwasserspiegels

$$q = k \cdot z \cdot \frac{dz}{dx}. \tag{22}$$

Weil diese Bewegungsweise des Grundwassers voraussetzungsgemäß nahezu waagrecht und geradlinig erfolgt, ist die Überlegung grundsätzlich auch bei grobporigem Material zulässig. Man wird dann für die Berechnung der maßgebenden Geschwindigkeit $V_0 : \cos \omega$ ähnlich wie in Gl. (21) an Stelle des Standrohrspiegelgefälles $J_0 = \frac{dz}{dl}$ die Tangente des Neigungswinkels der Spiegellinie, also $\operatorname{tg} \omega = \frac{dz}{dx}$, setzen. Bei Anwendung der Potenzformel lautet dann beispielsweise die Differentialgleichung des Grundwasserspiegels

$$q = \alpha \cdot z \left(\frac{dz}{dx}\right)^{\beta}.$$

Erfolgt die Filterbewegung nach dem Darcygesetz und wird dem Grundwasserträger mittels eines langen Schlitzes, der bis zur undurchlässigen Schicht reicht (Abb. 12, links), die Wassermenge q in der Schlitzlänge eins entzogen, dann lautet die Differentialgleichung des Grundwasserspiegels

$$\frac{q}{2} = k \, . \, z \, . \, \frac{dz}{dx}$$

und ihr Integral

$$\frac{q}{k} x = z^2 + C$$

stellt Parabeln mit waagrechter Achse dar. Ist ein Punkt des Grundwasserspiegels, etwa die Höhe $z = z_0$ am Schlitzrand $x = b$, bekannt, dann ist die Integrationskonstante bestimmbar, und die Gleichung des Grundwasserspiegels lautet

$$z^2 = z_0^2 + \frac{q}{k} (x - b).$$

Wird der Durchfluß gemessen und ist die Höhenlage zweier Punkte des Grundwasserspiegels bekannt, dann läßt sich aus der obigen Gleichung der Durchlässigkeitswert bestimmen.

Wird aus einem bis zur undurchlässigen Schicht abgeteuften Brunnen (Abb. 12, rechts) sekundlich die Wassermenge Q entnommen, dann gilt für den Meridianschnitt durch die Fläche des Grundwasserspiegels die Differentialgleichung

$$\frac{Q}{2 \pi r z} = k \, . \, \frac{dz}{dr},$$

deren Integral

$$z^2 + C = \frac{Q}{\pi k} \ln r$$

lautet. Damit ist die Form der Spiegellinie festgelegt. Ihre Höhenlage kann nur durch Messung der Höhe eines Punktes bestimmt werden, wozu sich in erster Linie die Wasserspiegelhöhe $z = z_0$ am Brunnenrand $r = r_0$ eignet. Mit dieser Randbedingung folgt als Gleichung des Grundwasserspiegels zunächst

$$z^2 = z_0^2 + \frac{Q}{\pi k} \ln \frac{r}{r_0}. \tag{23}$$

Die praktische Anwendung[1] dieser in der Brunnentheorie immer wiederkehrenden Gleichung besteht meist darin, den Zusammenhang zwischen der Entnahme Q aus dem Brunnen und der durch diese Entnahme bewirkten Senkung des Grundwasserspiegels aufzuzeigen, wenn dieser vor der Entnahme eine waagrechte Lage im Abstande H über der undurchlässigen Schicht eingenommen hat.

Der Grundwasserspiegel ist zufolge Gl. (23) eine logarithmische Linie, nach der die Höhe z mit der Entfernung r vom Brunnen unbeschränkt wächst. Dieses Ergebnis steht in Widerspruch mit dem Natur-

[1] W. Kyrieleis u. W. Sichardt: Grundwasserabsenkung bei Fundierungsarbeiten. Berlin. 1930. Dortselbst weitere Hinweise.

vorgang, denn tatsächlich muß die der Entnahme entsprechende Spiegellinie immer unterhalb der Ruhelage H des Grundwasserspiegels bleiben. Man schaltet diesen Widerspruch dadurch aus, daß man als weitere Randbedingung der Wasserspiegelhöhe H jene Entfernung R von der Brunnenachse zuordnet, in welcher die von der Entnahme verursachte Senkung des Grundwasserspiegels bereits sehr gering und meist kleiner ist als dessen tägliche Schwankung[1], sodaß sie praktisch kaum mehr wahrgenommen werden kann. Die Entfernung R wird als die ***Reichweite*** des Brunnens bezeichnet und ist in jedem besonderen Falle durch eine Probeentnahme im Gelände festzustellen.

Führt man die zusammengehörigen Werte H und R, die nun als Festwerte zu betrachten sind, in die Gl. (23) ein, so entsteht hieraus die Beziehung

$$H^2 = z_0^2 + \frac{Q}{\pi k} \ln \frac{R}{r_0} \quad \text{(Brunnengleichung)}, \tag{24}$$

die Aufschluß über den Zusammenhang von z_0, Q und r_0 gibt und auch oft zur Bestimmung der Durchlässigkeit herangezogen wird. Die Gleichung des Grundwasserspiegels

$$z^2 = H^2 - \frac{Q}{\pi k} \ln \frac{R}{r}, \tag{25}$$

die aus der Vereinigung von (23) und (24) entsteht, gilt nur innerhalb der Reichweite. Außerhalb wird die ursprüngliche Höhenlage H als unverändert angenommen, so daß sich in der Entfernung gleich der Reichweite rechnungsmäßig eine Unstetigkeit in der Krümmung des Grundwasserspiegels einstellt. Durch diesen formalen Mangel wird aber die praktische Bedeutung der Brunnengleichung nicht eingeschränkt, denn in der Umgebung der Reichweite ist eine genaue Berechnung der Absenkung überhaupt nicht möglich, weil weder der geologische Aufbau noch die hydrologischen Verhältnisse eines Grundwasserbeckens so regelmäßig sind, daß auch in großer Entfernung vom Brunnen noch mit einer achsensymmetrischen Zuströmung gerechnet werden kann.

Die Reichweite eines Brunnens ändert sich mit der Entnahme und ist wesentlich abhängig von der Art, in der die Speisung des Grundwasserbeckens erfolgt. Wegen der Verschiedenartigkeit, mit der im allgemeinen auch bei ein und demselben Brunnen die Wasserzufuhr von außen erfolgt, wird die Reichweite fast immer durch unmittelbare Messung im Gelände festgestellt. Ihre rechnungsmäßige Bestimmung[2]

---

[1] Siehe u. a. C. Abweser: Beiträge zum Problem der Entstehung des Grundwassers und der Ursachen seiner Schwankungen. Wasserwirtsch. u. Technik, Wien. 1935. S. 5.

[2] H. Weber: Die Reichweite von Grundwasserabsenkungen mittels Rohrbrunnen. Berlin. 1928.

bleibt auf jene Ausnahmsfälle beschränkt, bei denen über die Art der Speisung besonders einfache Voraussetzungen zulässig sind.

Die Annahme von Dupuit über die Größe der Geschwindigkeit in den lotrechten Schnitten kann bei Strömungen in zueinander parallelen, lotrechten Ebenen auch dann mit Erfolg angewendet werden, wenn die undurchlässige Schicht in der Fließrichtung eine mäßige Neigung aufweist (Abb. 13). Beträgt z. B. diese Sohlenneigung i, so ist das nach Dupuit maßgebende Oberflächengefälle gleich

$$J = i - \frac{dz}{dx}.$$

Hierin ist für J die dem jeweils geltenden Widerstandsgesetz entsprechende Funktion der Filtergeschwindigkeit zu setzen, so daß z. B. mit dem Gesetz von Darcy die Differentialgleichung des Grundwasserspiegels

$$\frac{q}{k\,z} = i - \frac{dz}{dx}$$

lautet. Die Integration dieser Gleichung liefert

$$i\,x + C = z + \frac{q}{k\,.\,i} \ln\,(i\,k\,z - q),$$

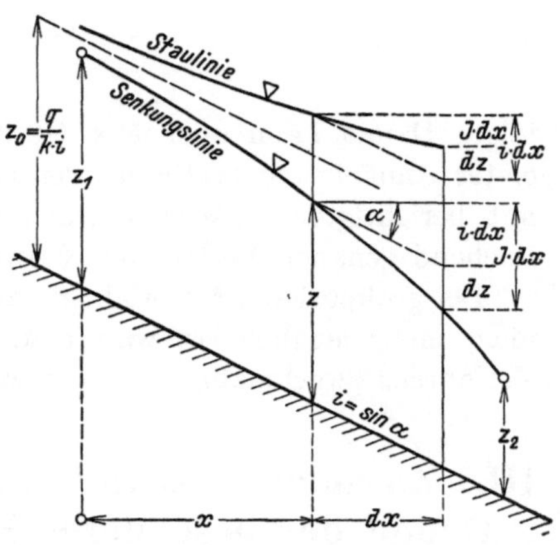

Abb. 13. Grundwasserstrom über wenig geneigter Sohle.

womit nach Einführung der bekannten Randwerte z_1 und z_2 der Durchfluß und der Verlauf des Grundwasserspiegels berechnet werden können. Bei Sohlenanstieg in der Fließrichtung ist i negativ zu nehmen.

Mitunter ist es zweckmäßig, die Aufgabe, ähnlich der Wasserspiegelberechnung in natürlichen Gerinnen, abschnittsweise durchzuführen. Sind beispielsweise der Verlauf der undurchlässigen Schichte und die beiden Punkte A und B des Grundwasserspiegels bekannt (Abb. 14), dann lassen sich der Durchfluß und die Lage des Grundwasserspiegels zwischen A und B wie folgt bestimmen. Im Abschnitt Δx, dessen mittlere Höhe auf Grund einer vorläufig angenommenen Wasserspiegellage z_m sei, beträgt der Durchfluß

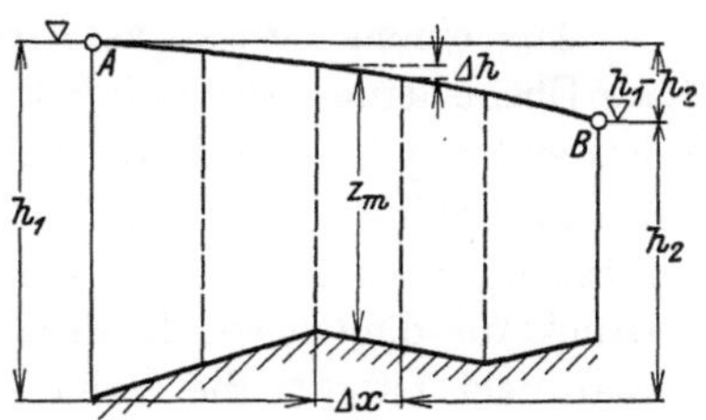

Abb. 14. Abschnittsweise Berechnung der Lage des Grundwasserspiegels.

$$q = V\,.\,z_m = k\,\frac{\Delta h}{\Delta x}\,z_m.$$

Die Summierung aller Einzelgefälle

$$\Delta h = \frac{q}{k} \frac{\Delta x}{z_m} \tag{26}$$

zwischen A und B liefert zunächst

$$h_1 - h_2 = \Sigma \Delta h = \frac{q}{k} \sum \frac{\Delta x}{z_m},$$

woraus der Durchfluß

$$q = k (h_1 - h_2) \frac{1}{\sum \frac{\Delta x}{z_m}}$$

folgt. Damit kann aber aus Gl. (26) die Größe der Einzelgefälle in erster Annäherung bestimmt werden. Die Wiederholung des Verfahrens mit berichtigten z_m-Werten führt schließlich auf einen praktisch hinreichend genauen Verlauf des Grundwasserspiegels.

Bei grobporigem Material, für das die Anwendung des Darcygesetzes nicht mehr möglich ist, wird man der Durchführung des geschilderten Verfahrens zweckmäßig die Potenzformel zugrunde legen.

III. Zusammensetzung von Näherungslösungen auf Grund der besonderen Form der Raumgleichung.

Die näherungsweise Annahme von Dupuit konnte bisher nur zur Beschreibung jener Vorgänge herangezogen werden, bei denen die nahezu waagrechte Bewegung in lotrechten *Ebenen* erfolgte. Eine bedeutende Erweiterung erfuhr der Anwendungsbereich dieses Näherungsverfahrens, als man die besondere Form der Raumgleichung erkannte, der eine Grundwasserbewegung genügen muß, sobald die Voraussetzungen von Dupuit erfüllt sind und überdies das Darcygesetz anwendbar ist.[1]

Aus einem Grundwasserträger, dessen untere Begrenzung mit der xy-Ebene eines rechtwinkeligen Bezugssystems zusammenfällt, sei ein lotrechtes, prismatisches Teilchen (Abb. 15) über der Grundfläche $dx \,.\, dy$ herausgegriffen. Der Grundwasserspiegel habe an der Stelle (x, y) den Abstand z von der undurchlässigen Schicht und der analytische Ausdruck für die Oberfläche des Grundwassers sei $z = f\,(xy)$. Vernachlässigt man nach Dupuit die verhältnismäßig sehr kleine lotrechte Komponente der Filtergeschwindigkeit, dann genügt für die Aufstellung der Raumgleichung die vergleichsweise Betrachtung der Durchflüsse durch die lotrechten Begrenzungen des Prismas. Die Kontinuität der Strömung ist gewahrt, sobald die gleichzeitig ein- und austretenden Wassermengen einander gleich sind. Die Geschwindigkeitskomponenten in den Achs-

[1] Ph. Forchheimer: Über die Ergiebigkeit von Brunnenanlagen und Sickerschlitzen. Z. Arch.- u. Ing.-Ver., H. 7. Hannover. 1886.

richtungen x und y seien mit u und v bezeichnet. Für ihre Größe ist nach Dupuit die Tangente des Neigungswinkels der Oberfläche, das ist $\frac{\partial z}{\partial x}$ bzw. $\frac{\partial z}{\partial y}$ maßgebend. Die Geschwindigkeitskomponenten selbst sind dann nach Darcy

$$u = -k \,.\, \frac{\partial z}{\partial x} \text{ und } v = -k \,.\, \frac{\partial z}{\partial y}.$$

Die vier lotrechten Querschnitte können als Rechtecke von der Breite dy bzw. dx und der gleichen Höhe z betrachtet werden, denn die Höhenänderung des Prismas innerhalb der Grundfläche $dx \,.\, dy$ ist von höherer Ordnung unendlich klein und daher zu vernachlässigen.

Die im Querschnitte $z \,.\, dy$ in der Richtung x sekundlich eintretende Wassermenge ist daher

$$q_e = z \,.\, dy \,.\, u = -z \,.\, dy \,.\, k \,.\, \frac{\partial z}{\partial x} = -dy \frac{k}{2} \frac{\partial (z^2)}{\partial x}$$

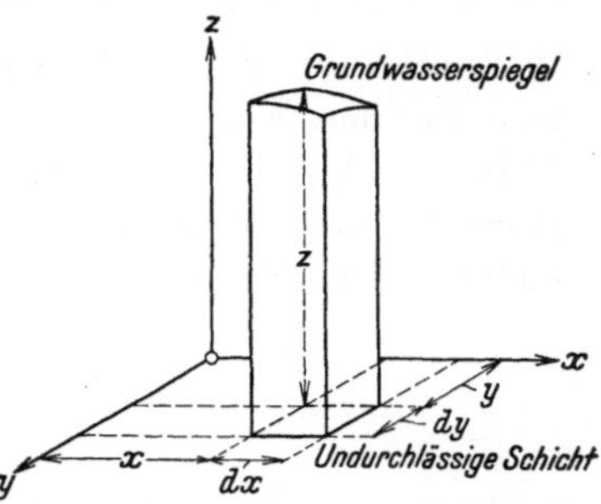

Abb. 15. Zur Raumgleichung bei nahezu waagrechter Strömung.

und die bei $(x + dx)$ in derselben Richtung austretende Wassermenge ist

$$q_a = q_e + \frac{\partial q_e}{\partial x} \,.\, dx = -dy \frac{k}{2} \frac{\partial (z^2)}{\partial x} - dy \frac{k}{2} \frac{\partial^2 (z^2)}{\partial x^2} \,.\, dx.$$

Der Unterschied zwischen der ein- und der austretenden Wassermenge beträgt daher in der Richtung x

$$\varDelta q_x = \frac{k}{2} dx \,.\, dy \frac{\partial^2 (z^2)}{\partial x^2}$$

und sinngemäß in der Richtung y

$$\varDelta q_y = \frac{k}{2} dx \,.\, dy \frac{\partial^2 (z^2)}{\partial y^2}.$$

Da die Summe dieser Unterschiede aber Null sein muß, lautet die Raumgleichung

$$\frac{\partial^2 (z^2)}{\partial x^2} + \frac{\partial^2 (z^2)}{\partial y^2} = 0. \tag{27}$$

Es verläuft demnach bei jeder Bewegung dieser Art der Grundwasserspiegel $z = f(x, y)$ derart, daß die Funktion z^2 die obige Differentialgleichung befriedigt. Diese Differentialgleichung ist linear und homogen und besitzt als solche die hier besonders wichtige Eigenschaft, daß die Summe aus Integralen z_1^2, z_2^2 usw. dieser Differentialgleichung, also die Funktion

$$Z^2 = \pm z_1^2 \pm z_2^2 \pm \ldots$$

gleichfalls eine Lösung dieser Gleichung darstellt und somit

$$Z = \sqrt{\pm z_1^2 \pm z_2^2 \pm \ldots}$$

als Spiegelfläche einer Grundwasserbewegung über waagrechter Schicht gedeutet werden kann.

Liegen also für mehrere Einzelvorgänge, z. B. für die Entnahme aus mehreren Brunnen, die Glgn. (25) der Spiegelflächen vor, so kann die Wirkung einer gleichzeitigen Entnahme aus allen diesen Brunnen durch Summierung der Teilfunktionen $\frac{Q}{\pi k} \ln \frac{R}{r}$ gefunden werden. Weil aber die Randbedingung für die Brunnengruppe dieselbe ist wie jene für den Einzelbrunnen, denn außerhalb eines gewissen Bereiches bleibt praktisch der Grundwasserspiegel auf seiner ursprünglichen Höhe H, so muß auch die Integrationskonstante unverändert, also H^2, bleiben. Das Ergebnis der Summierung lautet daher

$$Z^2 = H^2 - \sum_{i=1}^{i=n} \left(\frac{Q_i}{\pi k} \ln \frac{R}{r_i} \right),$$

worin r_1, r_2 usw. die Abstände des betreffenden Punktes von den Einzelbrunnen bedeuten. Eine Verschiedenheit der Reichweite innerhalb einer Gruppe von Brunnen kommt praktisch kaum in Frage. Die Gleichung für die Fläche des Grundwasserspiegels selbst ist also

$$Z = \sqrt{H^2 - \sum_{i=1}^{i=n} \left(\frac{Q_i}{\pi k} \ln \frac{R}{r_i} \right)}$$

und die Absenkung des ursprünglich waagrechten Grundwasserspiegels an der durch die Entfernungen r_1, r_2 usw. gekennzeichneten Stelle beträgt

$$s = H - Z.$$

Die Zusammensetzung solcher Funktionen zur Gewinnung neuer Spiegelformen ist nicht nur auf Brunnen beschränkt, sondern kann unter den obigen Voraussetzungen auf jede Art von Teilströmungen Anwendung finden. Bei der rechnerischen Summierung der Einzelvorgänge ist der jeweilige Geltungsbereich des analytischen Ausdruckes — bei Brunnen z. B. die Reichweite — zu beachten. Außerhalb dieses Bereiches kann die Teilströmung keinen Beitrag zur Gesamtfunktion liefern.

Für zwei Brunnen, die aus einem Grundwasserstrom über waagrechter Sohle gleiche Wassermengen entnehmen, ist im folgenden die Bestimmung des Grundwasserspiegels beispielsweise durchgeführt (Abb. 16). Es liegen drei Teilströmungen vor, die, einzeln betrachtet, den folgenden drei Gleichungen genügen müssen:

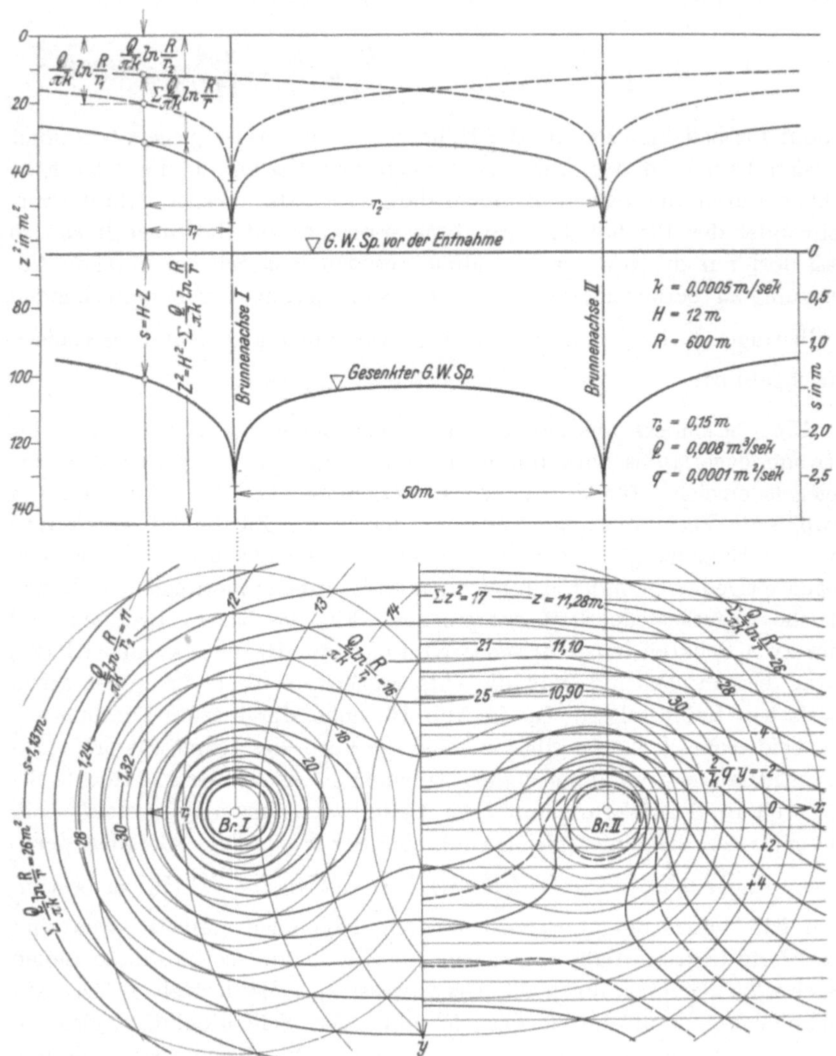

Abb. 16. Brunnengruppe im Grundwasserstrom.

Brunnen I .... $z_1^2 = H^2 - \frac{Q}{\pi k} \ln \frac{R}{r_1}$,

Brunnen II............ $z_2^2 = H^2 - \frac{Q}{\pi k} \ln \frac{R}{r_2}$,

Grundwasserstrom...... $z_3^2 = H^2 - \frac{2q}{k} \cdot y.$ (28)

Der analytische Ausdruck für den Grundwasserspiegel lautet daher

$$Z = \sqrt{H^2 - \frac{Q}{\pi k} \ln \frac{R}{r_1} - \frac{Q}{\pi k} \ln \frac{R}{r_2} - \frac{2q}{k} y},$$

womit für beliebige Punkte die Höhe des Grundwasserspiegels berechnet werden kann. In der Abb. 16 ist oben sein Verlauf in der lotrechten Ebene durch die beiden Brunnen dargestellt. In diesem Schnitt verschwindet der Einfluß des Grundwasserstromes auf die Spiegelform, so daß dort nur die von der Entnahme aus den Brunnen herrührende Absenkung zu berücksichtigen ist. Die Summierung der entsprechenden Teilbeträge $\frac{Q}{\pi k} \ln \frac{R}{r}$ ist, wie in der Abbildung angedeutet, graphisch durchgeführt.

Eine besonders anschauliche Darstellung der Spiegelform und des Strömungsverlaufes wird durch einen Schichtenplan des Grundwasserspiegels erreicht, für dessen Konstruktion das bereits S. 25 erwähnte graphische Verfahren angewendet werden kann. Zu diesem Zweck sind die den Einzelvorgängen entsprechenden Linien gleicher (z^2) in solchen gegenseitigen Abständen zu zeichnen, daß aufeinanderfolgenden Linien gleiche Unterschiede $\Delta(z^2)$ entsprechen. Für die beiden Brunnen sind dies zwei Scharen konzentrischer Kreise, deren Halbmesser aus Gl. (25) so zu bestimmen sind, daß die entsprechenden Werte (z^2) einer arithmetischen Reihe folgen. Die in Abb. 16, links, dargestellte Summierung der beiden Kreisscharen gibt zunächst die Form des Grundwasserspiegels bei Entnahme aus ursprünglich ruhendem Grundwasser. Rechts ist die weitere Summierung mit dem Grundwasserstrom dargestellt. Für diesen bilden die Linien gleicher (z^2) eine Schar paralleler Gerader, deren gegenseitiger Abstand Δy zufolge Gl. (28) aus $\Delta y = \frac{k}{2q} \Delta (z^2)$ zu bestimmen ist. Längs der stark gezeichneten diagonalen Linienscharen sind die Werte (Z^2) und daher auch jene für Z konstant, so daß diese Linien bereits die Schichtenlinien des Grundwasserspiegels darstellen. Die Anschaulichkeit kann durch Einzeichnung der Schichtenlinien gleichen Höhenunterschiedes noch verbessert werden. Die Grundwasserströmung erfolgt in den lotrechten Flächen normal zu den Schichtenlinien des Grundwasserspiegels.

Sind die einzelnen Brunnen durch eine gemeinsame Heberleitung verbunden, dann beeinflußt der für das Fließen in der Heberleitung erforderliche Druckhöhenverlust die Wasserspiegelhöhen und damit die Entnahmemengen der einzelnen Brunnen. Es ist daher vor der Zusammensetzung der Einzelvorgänge die Aufteilung der Gesamtentnahme auf die einzelnen Brunnen unter gleichzeitiger Berücksichtigung der Druckhöhenverluste in der Heberleitung und der gegenseitigen Beeinflussung der Brunnen zu bestimmen.[1]

Die theoretische Grundlage für die Beschreibung einer Grundwasserströmung nach DUPUIT-FORCHHEIMER bildet die Raumgl. (27), die mit der Raumgleichung einer ebenen Potentialbewegung[2] identisch ist, sofern man (z^2) als Geschwindigkeitspotential deutet. Die Niveaulinien jeder ebenen Potentialbewegung können daher als Linien gleicher Werte (z^2) und daher auch als Schichtenlinien einer solchen Grundwasserströmung betrachtet werden. Trotz dieser formalen Übereinstimmung mit der ebenen Potentialbewegung bleiben die Ergebnisse dieser Betrachtungen immer nur Näherungslösungen, die dort versagen, wo die Voraussetzungen für die Anwendbarkeit des Verfahrens nicht mehr erfüllt sind. So entstehen beispielsweise bei starker Absenkung des Wasserspiegels in Entnahmebrunnen in deren nächster Umgebung sehr große Gefälle des Grundwasserspiegels, die die Annahme nahezu waagrechter Bewegung nicht mehr zulassen. Die Strömung in solchen Bereichen kann daher nicht durch das Näherungsverfahren, sondern nur auf Grund allgemeinerer Überlegungen beschrieben werden.[3]

Die Zusammensetzung von Einzelvorgängen auf Grund der Gl. (27) führt im allgemeinen auf Strömungen mit krummliniger Filterbewegung. Demgemäß ist das Verfahren nur dort anwendbar, wo die Filterbewegung dem Darcygesetz folgt. Im übrigen ist die Unterscheidung zwischen geradliniger und krummliniger Filterbewegung bei allen nach DUPUIT[4] lösbaren Aufgaben von untergeordneter Bedeutung, weil bei diesen Vorgängen unter dem Einfluß des geringen Oberflächengefälles auch nur sehr kleine Filtergeschwindigkeiten möglich sind.

B. Krummlinige Filterbewegung.

Gegenstand der folgenden Betrachtungen ist die Filterbewegung allgemeinster Form, bei der jede Beschränkung hinsichtlich der Krümmung der Stromlinien entfällt und die daher nur unter Zugrundelegung des Darcygesetzes behandelt werden kann. Die bisher untersuchten Strömungen sind zum Teil als besonders einfache Sonderfälle dieser allgemeinen Bewegungsweise anzusehen.

---

[1] R. DACHLER: Einige Bemerkungen zur Grundwasserabsenkung mittels Brunnengruppen. Wasserkr., H. 21. München. 1924.

[2] PH. FORCHHEIMER: Hydraulik, S. 23f. — W. KAUFMANN: Angewandte Hydromechanik, Berlin 1931, I. Bd., S. 118f.

[3] Siehe S. 106f.

[4] Siehe S. 27.

I. Theoretische Grundlagen.

Für die Beschreibung allgemeiner räumlicher Bewegungen ist es zweckmäßig, die Geschwindigkeit in ihre Komponenten zu zerlegen und die Größe der Geschwindigkeitskomponente in beliebiger Richtung angeben zu können. Der lineare Zusammenhang (1) zwischen dem Standrohrspiegelgefälle und der Filtergeschwindigkeit ermöglicht es, nicht nur die Filtergeschwindigkeit selbst, sondern auch deren Komponenten unmittelbar aus dem Verlauf der Standrohrspiegelhöhe zu bestimmen. Diese ist bei jeder Grundwasserströmung im allgemeinen von Punkt zu Punkt verschieden, sie ist also eine von den Randbedingungen der Filterbewegung abhängige Ortsfunktion. Bezeichnet man mit s die Richtung der Filtergeschwindigkeit und beachtet, daß das Gefälle J gleich ist dem negativen Differentialquotienten von h in der Richtung s, dann ist nach Darcy

$$V = -k \cdot \frac{dh}{ds} \tag{29}$$

und die Geschwindigkeitskomponenten u, v und w in den Richtungen x, y und z eines rechtwinkeligen Bezugssystems sind

$$\begin{gathered} u = -k \cdot \frac{\partial h}{\partial x} = -\frac{\partial (k\,h)}{\partial x},\; v = -k \cdot \frac{\partial h}{\partial y} = -\frac{\partial (k\,h)}{\partial y}, \\ w = -k \cdot \frac{\partial h}{\partial z} = -\frac{\partial (k\,h)}{\partial z}. \end{gathered} \tag{30}$$

Die Zulässigkeit dieser Darstellung folgt daraus, daß, unabhängig von der Lage des Bezugssystems, die Summe der Quadrate von (30), d. i.

$$u^2 + v^2 + w^2 = k^2 \left[\left(\frac{\partial h}{\partial x}\right)^2 + \left(\frac{\partial h}{\partial y}\right)^2 + \left(\frac{\partial h}{\partial z}\right)^2\right]$$

mit Gl. (29) identisch ist, denn es gilt immer

$$\frac{dh}{ds} = \sqrt{\left(\frac{\partial h}{\partial x}\right)^2 + \left(\frac{\partial h}{\partial y}\right)^2 + \left(\frac{\partial h}{\partial z}\right)^2}.$$

Wie die Ansätze (30) für die Geschwindigkeitskomponenten zeigen, besitzt die Ortsfunktion $(k \,.\, h)$ die Eigenschaft, daß ihre erste Ableitung nach irgendeiner Richtung gleich ist der Filtergeschwindigkeit in dieser Richtung. Dieser Funktion $(k \,.\, h)$ kommt demnach für die Grundwasserbewegung die gleiche Bedeutung zu wie dem Geschwindigkeitspotential einer Potentialbewegung.[1] Die Stromlinien der Filterbewegung stehen daher normal auf den Flächen gleichen Standrohrspiegels und diese sind Niveauflächen im Sinne der Potentialtheorie (Abb. 17). Der Durchlässigkeitswert k hat als konstanter Faktor keinen Einfluß auf die Form des Strömungsbildes. Es genügt daher, die Funktion $h\,(x, y, z)$ zu er-

[1] PH. FORCHHEIMER: Hydraulik, S. 73.

mitteln, weil durch sie indirekt das Strömungsbild und die Geschwindigkeitsverteilung festgelegt sind.

Die Bedingung, welcher diese Funktion genügen muß, ergibt sich durch Einführung der Ansätze (30) für die Geschwindigkeitskomponenten in die allgemeine Raumgleichung

$$\frac{\partial u}{\partial x} + \frac{\partial v}{\partial y} + \frac{\partial w}{\partial z} = 0$$

der unzusammendrückbaren Flüssigkeit, wodurch diese in

$$\frac{\partial^2 h}{\partial x^2} + \frac{\partial^2 h}{\partial y^2} + \frac{\partial^2 h}{\partial z^2} = 0, \qquad (31)$$

das ist die sogenannte Differentialgleichung von LAPLACE, übergeht.

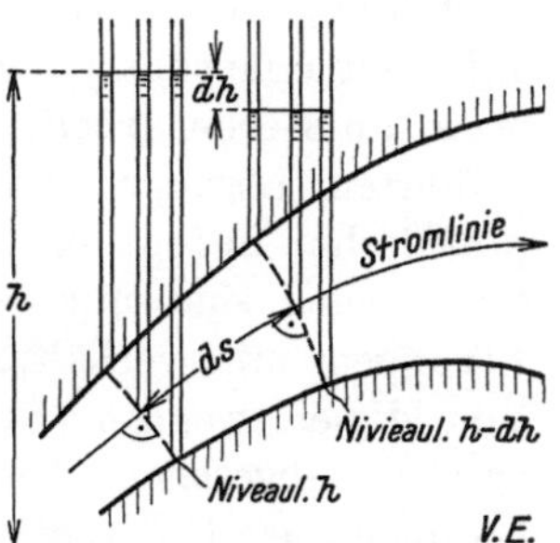

Abb. 17. Die Grundwasserströmung als Potentialbewegung.

Die Bestimmung der Strömungsformen einer Grundwasserbewegung in feinporigem Material besteht demnach in der Integration der Differentialgleichung von LAPLACE, das heißt, in der Aufsuchung jener Lösung dieser Gleichung, die den besonderen Randbedingungen der jeweiligen Aufgabe entspricht. Damit sind diese Probleme als *Randwertaufgaben* der Potentialtheorie gekennzeichnet.

Die formale Übereinstimmung der Grundwasserbewegung mit der Potentialbewegung einer idealen Flüssigkeit ist von großer praktischer Bedeutung, denn sie bietet die Möglichkeit, die bereits weit ausgebauten mathematischen, graphischen und versuchstechnischen Hilfsmittel der Potentialtheorie auch zur Lösung von Grundwasseraufgaben zu verwenden.

Die Übereinstimmung ist nur formal und nicht wesentlich, weil die Bewegung des Wassers in den engen Hohlräumen des Grundwasserträgers nach den Gesetzen der laminaren Bewegung vor sich geht und daher nicht wie die Potentialbewegung einer reibungslosen Flüssigkeit ohne Energieverlust erfolgen kann.

Beim Vergleich der Potentialbewegung im hydrodynamischen Sinne mit der Grundwasserbewegung ist überdies noch zu beachten, daß im ersten Falle die Geschwindigkeit ihrer Größe und Richtung nach tatsächlich auf das Wasserteilchen bezogen ist, und somit die übliche physikalische Bedeutung hat. Bei der Grundwasserbewegung dagegen handelt es sich nur um eine Rechnungsgröße — die Filtergeschwindigkeit —, während Größe und Richtung der tatsächlichen Geschwindigkeit in den Porenräumen im allgemeinen unbekannt bleiben und auch praktisch meist ohne Bedeutung sind.

Umgekehrt liegen die Verhältnisse beim Begriff des Geschwindigkeitspotentials. Der rein mathematischen Definition bei der Potentialbewegung steht der leicht vorstellbare physikalische Begriff der Standrohrspiegelhöhe bzw. ihres k-fachen Wertes beim Grundwasser gegenüber. Es genügt die Einführung eines Standrohres bis zu dem betreffenden Punkte des Grundwasserträgers, und schon gibt die Höhe des Wasserspiegels in diesem Rohr den Wert des Geschwindigkeitspotentials an dieser Stelle an.

Für die *mathematische* Behandlung solcher Grundwasseraufgaben stehen die in der Funktionentheorie begründeten Verfahren zur Lösung der Differentialgleichung von LAPLACE zur Verfügung. Die direkten Verfahren, die zu vorgeschriebenen Randbedingungen die Lösung der Differentialgleichung ergeben, erfordern meist einen bedeutenden Aufwand an Rechenarbeit, und den wenigen nach diesen Verfahren durchgeführten Lösungen kommt mehr mathematisch-wissenschaftliche als praktische Bedeutung zu. Die Randbedingungen zu Grundwasserströmungen sind nur selten so beschaffen, daß mathematisch genaue Lösungen mit verhältnismäßig einfachen Mitteln durchführbar sind. Von diesen wenigen Sonderfällen, die weiter unten kurz besprochen werden, abgesehen, besteht die Arbeitsweise meist darin, bekannte Lösungen der Differentialgleichung von LAPLACE auf ihre Brauchbarkeit für die Grundwasserbewegung zu untersuchen. Dieses indirekte Verfahren hat insbesondere bei den ebenen Strömungsvorgängen sehr wertvolle Ergebnisse gezeitigt.

Die *versuchstechnischen* Verfahren finden bei der Lösung ebener und räumlicher Strömungsvorgänge Verwendung und dienen entweder zur vollständigen Lösung der Aufgabe, also zur Darstellung des Strömungsbildes, oder nur zur unmittelbaren Bestimmung des Gesamtdurchflusses unter Heranziehung der jeweils geltenden Modellregel.

Die *graphischen* Verfahren dienen zur Lösung ebener und achsensymmetrischer Strömungen und werden hauptsächlich dort angewendet, wo die Randbedingungen analytisch überhaupt nicht oder nur mit großen mathematischen Schwierigkeiten darstellbar sind. Das grundsätzliche an diesem Näherungsverfahren besteht in der zweckmäßigen Auswertung der geometrischen Beziehungen, die das Strömungsbild jeder Potentialbewegung auszeichnen.

II. Die einfachsten Potentialbewegungen und ihre Anwendung auf Grundwasserströmungen.

Eine exakte mathematische Lösung ist für die Zuströmung artesischen Grundwassers zu einem Brunnen mit halbkugelförmiger Sohle vorhanden. Diese Strömung wurde auf Grund einer einfachen Kontinuitätsbetrachtung auf S. 26 erledigt. Vom Standpunkte der Potentialtheorie ist dieser Bewegungsvorgang des Grundwassers identisch mit der Zuströmung zu einer punktförmigen Senke im Raum, wenn man die waagrechte Stromfläche zur oberen Begrenzung des Grundwasserträgers und eine halbkugelförmige Niveaufläche zur Brunnensohle macht. Die Theorie der Potentialbewegung gibt für eine punktförmige Senke von der Ergiebigkeit E die Potentialfunktion[1]

$$\Phi = -\frac{E}{4\pi r}.$$

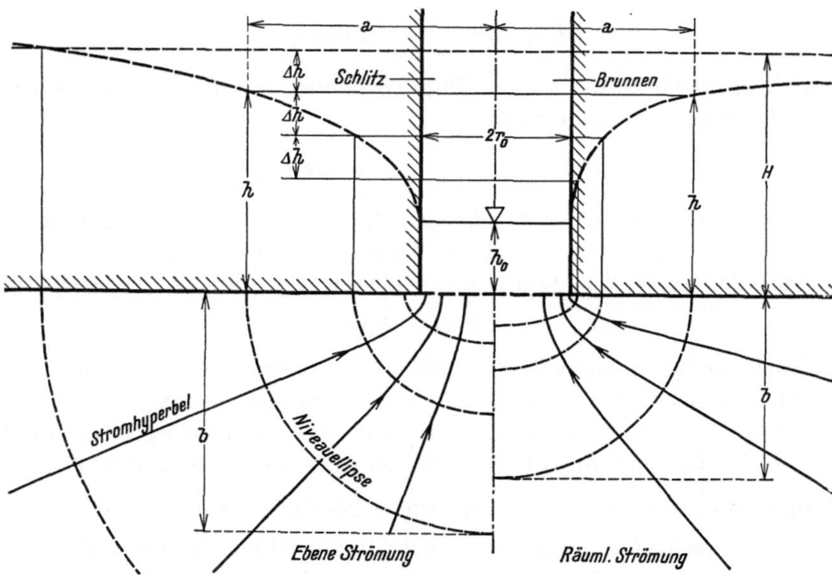

Abb. 18. Zuströmung artesischen Grundwassers zu einem Schlitz bzw. Brunnen mit ebener Sohle.

Da dem Brunnen das Grundwasser nur aus dem unendlichen Halbraum zuströmt, ist die Entnahme Q gleich der halben Ergiebigkeit, also $\frac{E}{2}$, so daß nach Einführung der Standrohrspiegelhöhe, und zwar ihres k-fachen Wertes, an Stelle der Potentialfunktion Φ die obige Gleichung bei Anwendung auf die Grundwasserströmung zu lauten hat:

$$k\,h + C = -\frac{Q}{2\pi r}.$$

Durch die willkürliche Konstante C, die aus der in irgendeinem Punkte als bekannt vorausgesetzten Standrohrspiegelhöhe zu bestimmen ist, wird die Unabhängigkeit der Entnahme von der *absoluten* Höhe des Standrohrspiegels zum Ausdruck gebracht.

Ein anderes Beispiel, das aber nur durch Heranziehung potential-

[1] Handb. d. Physik, Bd. VII, S. 31. Berlin. 1927.

theoretischer Ergebnisse[1] gelöst werden kann, ist die Strömung artesischen Grundwassers zu einem kreisförmigen Brunnen mit ebener Sohle (Abb. 18, rechts). Der Meridianschnitt durch das Strömungsbild zeigt konfokale Hyperbeln als Stromlinien und konfokale Ellipsen als Niveaulinien. Die gemeinsamen Brennpunkte beider Kurvenscharen liegen am Brunnenrand. Mit Benutzung dieser Tatsache führt eine einfache Kontinuitätsbetrachtung[2] zur Gleichung für die Standrohrspiegelhöhe

$$k h + C = \frac{Q}{2 \pi r_0} \operatorname{arctg} \frac{b}{r_0},$$

worin b die kleine Halbachse der Ellipse bedeutet. Mit der Randbedingung $h = H$ für $b = \infty$ ergibt sich

$$h = H - \frac{Q}{2 \pi k r_0} \left(\frac{\pi}{2} - \operatorname{arctg} \frac{b}{r_0} \right),$$

woraus die zum Ellipsoid b gehörige Standrohrspiegelhöhe h gerechnet werden kann. Führt man in diese Gleichung die der Brunnensohle entsprechenden Werte $h = h_0$ und $b = 0$ ein, so folgt hieraus die Beziehung

$$Q = k (H - h_0) 4 r_0,$$

die auch zur Bestimmung der Durchlässigkeit herangezogen werden kann.

Ein Vergleich dieser Formel mit jener für den Brunnen mit halbkugelförmiger Sohle, Gl. (19), S. 26, zeigt, daß bei gleicher Absenkung $H - h_0$ im Brunnen die Ergiebigkeit bei ausgehöhlter Brunnensohle im Verhältnis $\frac{\pi}{2}$, das ist um 57 v. H. größer ist als bei ebener Sohle. Dieser große Unterschied rührt daher, daß bei ausgehöhlter Brunnensohle das Grundwasser gerade jenen Bereich nicht durchströmen muß, der wegen der großen Geschwindigkeiten die größten Energieverluste erfordert. Es ist dies nur ein Beispiel für die große Bedeutung, die der Strömung in unmittelbarer Nähe eines Brunnens für dessen Ergiebigkeit immer zukommt.

Eine räumliche Strömung sehr einfacher Art stellt schließlich die Bewegung zu einem engen Rohrbrunnen dar, der in ein ausgedehntes Becken artesischen Grundwassers eintaucht (Abb. 19). Das Strömungsbild ist das einer sogenannten Quellstrecke im Raum, wofür die Potentialtheorie konfokale Umdrehungsellipsoide und Hyperboloide als Niveauflächen und Stromflächen gibt. Eine Kontinuitätsbetrachtung für die Strömung in der waagrechten Stromebene führt mit der Randbedingung $h = H$ für $a = \infty$ zur Gleichung

$$k (H - h) = \frac{Q}{2 \pi t} \ln \left(\frac{t}{a} + \sqrt{1 + \left(\frac{t}{a} \right)^2} \right),$$

[1] H. Lamb: Hydrodynamik, 2. deutsche Aufl., S. 165. Leipzig und Berlin. 1931.

[2] Ph. Forchheimer: Z. öst. Ing.- u. Arch.-Ver., S. 587. 1905.

worin t die Tauchtiefe des Brunnens und a die kleine Halbachse des Umdrehungsellipsoides

$$\frac{x^2 + y^2}{a^2} + \frac{z^2}{a^2 + t^2} = 1$$

darstellt. Damit kann für jeden Punkt (x, y, z) des Bereiches zuerst aus der Gleichung des Ellipsoides das zugehörige a und damit aus der erstgenannten Gleichung die der Entnahme Q entsprechende Standrohrspiegelhöhe h gerechnet werden. In der nächsten Umgebung des Brunnens verlieren diese Gleichungen ihre Gültigkeit, weil keine streckenförmige Senke, sondern ein zylindrisches Entnahmerohr vorliegt. Die Wasserspiegelhöhe im Brunnenrohr kann daher nicht genau berechnet werden.

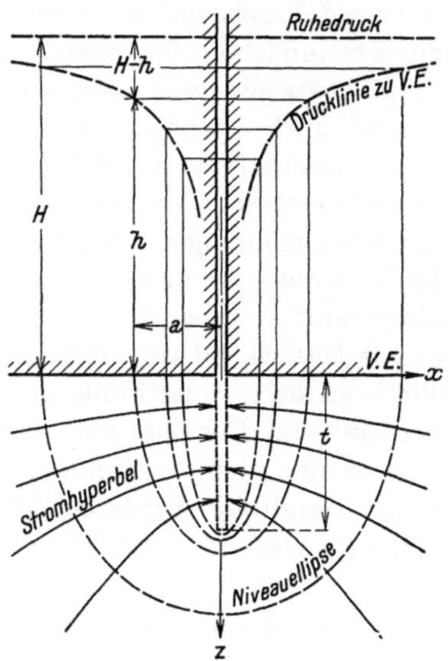

Abb. 19. Rohrbrunnen in artesischem Grundwasser.

Das Potential

$$\Phi = \frac{E}{2\pi} \ln r$$

der geraden Quellinie beschreibt zugleich die waagrechte, radiale Zuströmung zu einem Schachtbrunnen (Abb. 9) und die radiale Zuströmung in lotrechten Ebenen zu einem Schlitz mit halbkreisförmiger Sohle (Abb. 10). Es bedarf nur geringer Umformungen, um zu den S. 24 und 25 auf andere Weise hergeleiteten Formeln zu gelangen.

Für einen langen Schlitz mit ebener Sohle (Abb. 18, links) gibt die Potentialtheorie[1] konfokale Hyperbeln als Stromlinien und ebensolche Ellipsen als Niveaulinien, deren gemeinsame Brennpunkte am Schlitzrande liegen. Die Form der Strom- und Niveaufunktion für diese Strömung ist an anderer Stelle[2] abgeleitet und ausführlicher behandelt. Das für die vorliegende Grundwasserströmung wichtigste Ergebnis ist der Zusammenhang

$$h = h_0 + \frac{q}{\pi k} \operatorname{Ar}\operatorname{Cos} \frac{a}{r_0} = h_0 + \frac{q}{\pi k} \ln\left(\frac{a}{r_0} + \sqrt{\left(\frac{a}{r_0}\right)^2 - 1}\right)$$

zwischen der Standrohrspiegelhöhe h längs der Deckschicht, der Schlitzweite $2\,r_0$, der Entnahme q und der Wasserspiegelhöhe h_0 im Schlitz. Die unbeschränkte Druckzunahme mit wachsender Entfernung vom

[1] H. LAMB: Hydrodynamik, S. 81.
[2] Siehe S. 55f.

Schlitz ist praktisch ohne Bedeutung, da immer schon in mäßiger Entfernung $a = R$ die Geschwindigkeit so klein ist, daß die Druckhöhe $h = H$ dort von der Entnahme fast unabhängig, also praktisch konstant ist. Mit dieser Randbedingung ergibt sich

$$q = k\,(H - h_0)\,\frac{\pi}{\mathfrak{Ar}\,\mathfrak{Cof}\,\dfrac{R}{r_0}} = k\,(H - h_0)\,\frac{\pi}{\ln\left(\dfrac{R}{r_0} + \sqrt{\left(\dfrac{R}{r_0}\right)^2 - 1}\right)}\,.$$

Bezüglich des Geschwindigkeitsverlaufes längs der Deckschicht und in der Schlitzsohle wird auf die Ausführungen S. 59 verwiesen.

Eine größere praktische Bedeutung gewinnen die vorgenannten Ergebnisse dadurch, daß die Strömung in jedem beliebigen, durch Niveau- und Stromflächen begrenzten Teilgebiet einer solchen Strömung als Grundwasserbewegung aufgefaßt werden kann.[1]

Schließlich sei noch darauf hingewiesen, daß die unter Punkt A, I dieses Abschnittes behandelte geradlinige Filterbewegung bei jedem Widerstandsgesetz als Potentialbewegung gedeutet werden kann. Denn alle diese Strömungen sind, wie bereits oben erwähnt wurde, auf einfache Quellströmungen zurückzuführen, bei welchen immer ein Geschwindigkeitspotential vorhanden ist. Erfolgt eine solche Strömung durch grobporiges Material, dann nimmt nicht die k-fache Standrohrspiegelhöhe h selbst, sondern eine Funktion $\Phi(h)$ die Stelle des Geschwindigkeitspotentials ein. Der Zusammenhang zwischen h und Φ hat nur theoretisches Interesse und könnte gefunden werden, indem aus den beiden Gleichungen für die Standrohrspiegelhöhe $h(r)$ und für das Geschwindigkeitspotential $\Phi(r)$ der Abstand r vom Quellpunkt ausgeschieden wird.

III. Grundwasserprobleme als Randwertaufgaben der Potentialtheorie.

Mit den einfachsten Mitteln der Potentialtheorie lassen sich, wie oben gezeigt wurde, nur wenige Aufgaben behandeln. Viel größer ist die Zahl jener Probleme, bei denen es auf die Lösung der Differentialgleichung von Laplace für ein bestimmtes Gebiet unter Einhaltung bestimmter Randbedingungen ankommt, wo also sogenannte Randwertaufgaben der Potentialtheorie vorliegen.

Für die räumlichen Aufgaben dieser Art ist zwar in der Hydrodynamik der wirbelfreien Flüssigkeitsbewegung ein allgemeiner Weg, und zwar unter Heranziehung der Theorie der Kugelfunktionen vorgezeichnet.[2] Der mathematische Apparat zur Bewältigung dieser Aufgaben ist aber so umfangreich, daß diese Arbeitsmethoden für die praktische Hydraulik nicht in Frage kommen.

---

[1] Siehe S. 50.

[2] H. Lamb: Hydrodynamik, S. 115.

Der Vorgang gestaltet sich viel einfacher bei den ebenen Strömungen, bei denen für eine Reihe praktisch wichtiger Aufgaben das Hilfsmittel der konformen Abbildungen genaue Lösungen gibt, und wo selbst für den allgemeinsten Fall infolge der einfachen geometrischen Beziehungen im Strömungsbilde jeder ebenen Potentialbewegung hinreichend genaue Näherungslösungen gefunden werden können.

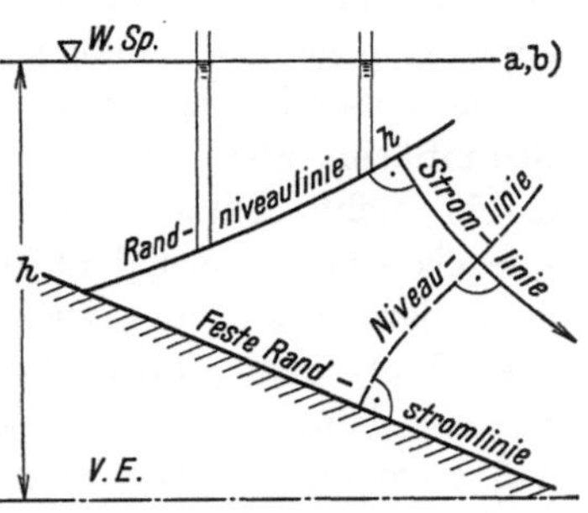

a) Kennzeichnung der Randbedingungen und deren Bedeutung für die Lösung der Aufgaben.

Für die Lösung einer Grundwasseraufgabe sind die Form des Gebietsrandes und die Bedingungen, die längs des Randes erfüllt sein müssen, von entscheidender Bedeutung. Die Form des Gebietsrandes kann von vornherein gegeben sein, wie etwa eine feste Begrenzung eines Grundwasserträgers, oder sie ist nicht bekannt und muß erst, wie z. B. eine freie Oberfläche, aus den Randbedingungen bestimmt werden. Der gegebene Rand kann wieder analytisch einfach darstellbar sein oder nicht und ermöglicht dementsprechend eine rechnerisch genaue Lösung oder schließt eine solche von vornherein aus.

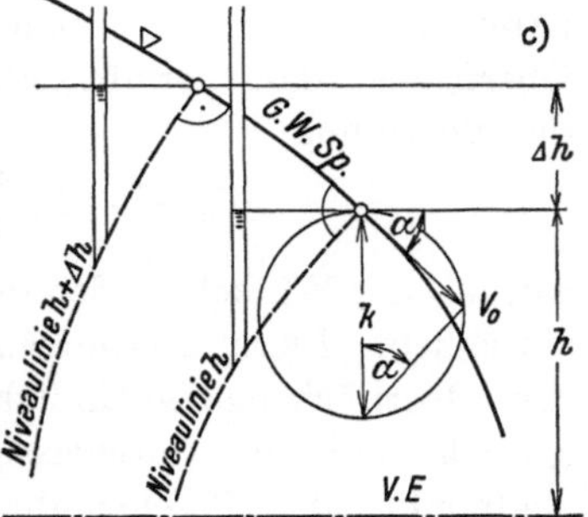

Bei den Randbedingungen sind die folgenden vier Arten zu unterscheiden.

a) Die Grenze des Strömungsgebietes gegen undurchlässiges Material bildet immer eine *Stromfläche* oder *Stromlinie*, weil die Filtergeschwindigkeit dort nur parallel zum festen Rand sein kann. Die Niveauflächen oder -linien stehen daher immer normal auf diesen Grenzen. Mathematisch wird dieses Verhalten durch die

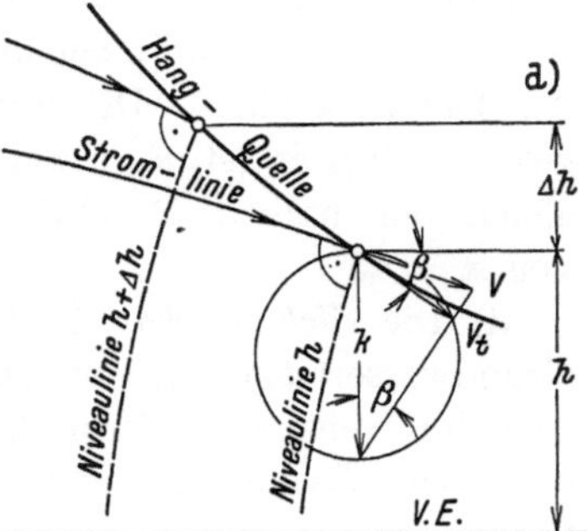

Abb. 20. Kennzeichnung der Randbedingungen.

Gleichung $\frac{\partial h}{\partial n} = 0$ zum Ausdruck gebracht, wobei n die Richtung der Normalen zu einen solchen Rand bedeutet.

b) Der Rand ist eine *Niveaufläche* oder *-linie*, wenn das Strömungsgebiet an ruhendes oder nur langsam bewegtes Wasser grenzt, denn in jedem Punkte eines solchen Randes ist die Standrohrspiegelhöhe h die gleiche (Abb. 20a, b). Die Stromlinien der zugehörigen Grundwasserbewegung stehen daher normal auf solchen Grenzen.

c) Die *freie Oberfläche* oder der *Grundwasserspiegel* bildet, wenn von der Kapillarwasserzone abgesehen wird, die Grenze des Strömungsgebietes gegenüber dem von atmosphärischer Luft erfüllten Teil des Grundwasserträgers. Sie ist bei stationärer Bewegung immer eine Stromfläche, aber im Gegensatz zur festen Randstromfläche von vornherein nicht bekannt. Die Flächen oder Linien gleichen Standrohrspiegels stehen normal auf der freien Oberfläche. Eine weitere Aussage folgt daraus, daß der Druck längs einer freien Oberfläche Null ist. Die Gl. (4) geht daher für $p = 0$ über in $h = z$, woraus weiter auf $dh = dz$ bzw. $\Delta h = \Delta z$ geschlossen werden kann. Dies besagt aber, daß Niveaulinien vom Standrohrspiegelunterschiede Δh die freie Oberfläche in Punkten vom lotrechten Abstande $\Delta z = \Delta h$ schneiden (Abb. 20c). Bezeichnet man mit s die Strömungsrichtung in der freien Oberfläche, dann ergibt sich für die Oberflächengeschwindigkeit V_0 die Beziehung

$$V_0 = -k \cdot \frac{dh}{ds} = -k \cdot \frac{dz}{ds} = k \cdot \sin\alpha, \tag{32}$$

worin α der Winkel ist, den der Grundwasserspiegel mit der Waagrechten einschließt. Dieser Zusammenhang ermöglicht eine einfache Konstruktion der Oberflächengeschwindigkeit, wenn die Form des Grundwasserspiegels und der Durchlässigkeitswert bekannt sind (Abb. 20c). Die Endpunkte der Geschwindigkeitsvektoren V_0 liegen auf Kreisen vom Durchmesser k. Aus (32) folgt überdies, daß die größtmögliche Oberflächengeschwindigkeit bei lotrechter Oberfläche auftritt und gleich ist der Durchlässigkeit. Die waagrechte Komponente u_0 der Oberflächengeschwindigkeit ist $u_0 = k \sin\alpha \cos\alpha$ und ihr größter Wert ist daher gleich der halben Durchlässigkeit entsprechend einer Spiegelneigung von $\alpha = 45^0$.

d) Die *Sickerfläche* ist die Grenze des von der Strömung erfüllten Grundwasserträgers gegen die atmosphärische Luft. Dieser Rand kann ausnahmsweise eine Stromfläche sein und bildet dann einen Teil der freien Oberfläche. In der Regel ist er aber weder Strom- noch Niveaufläche, sondern das Grundwasser tritt durch die Sickerfläche in Form einer sogenannten *Hangquelle* frei aus und verdunstet dort, oder es fließt in dünner Schicht über die Sickerfläche ab. Die Form eines solchen Randes ist von vornherein bekannt, und da längs jeder Sickerfläche der Druck Null ist, so gilt, wie für eine freie Oberfläche, die Beziehung $h = z$. Niveaulinien, zwischen denen ein Standrohrspiegelunterschied Δh besteht, schneiden daher die Sickerfläche in Punkten, deren lotrechter Abstand $\Delta z = \Delta h$ sein muß. Bezeichnet man mit t die Richtung der

Sickerfläche und schließt diese mit der Waagrechten den Winkel β ein (Abb. 20d), dann läßt sich die in die Richtung der Sickerfläche fallende Komponente V_t der Filtergeschwindigkeit in der Form

$$V_t = k \cdot \frac{\partial h}{\partial t} = k \cdot \frac{\partial z}{\partial t} = k \sin \beta \tag{33}$$

darstellen. Während also bei einer freien Oberfläche durch deren Neigung die Filtergeschwindigkeit V_0 selbst gegeben ist, bestimmt die Neigung der Sickerfläche nur die in diese Fläche fallende Komponente V_t der Filtergeschwindigkeit.[1]

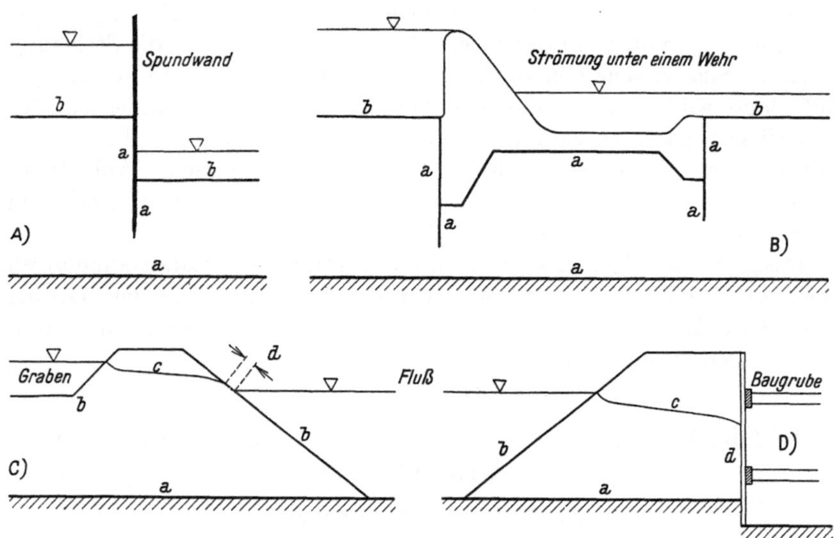

Abb. 21. Beispiele für das Vorkommen der Randbedingungen.
a Stromlinie, *b* Niveaulinie, *c* freie Oberfläche, *d* Sickerlinie (Hangquelle).

Zu einer waagrechten Sickerfläche gehört somit, weil β und daher auch V_t Null sind, eine lotrechte Filtergeschwindigkeit. Die waagrechte Sickerfläche ist also eine Niveaufläche. Längs einer lotrechten Sickerfläche ist $V_t = k$ und daher die Filtergeschwindigkeit V selbst größer als die Durchlässigkeit oder mindestens gleich dieser. Auf weitere Einzelheiten über das Verhalten der Geschwindigkeit längs solcher Ränder wird bei den Anwendungsbeispielen hingewiesen werden.[2]

Die Bestimmung des Strömungsbildes ist bei jenen Aufgaben am einfachsten, bei denen die Grenze des Bereiches nur aus festen Rändern und Niveauflächen besteht. Sind diese Ränder überdies noch analytisch

---

[1] P. NEMÉNYI: Wasserbauliche Strömungslehre, S. 195. Leipzig. 1933.
[2] Siehe S. 106f.

einfach darstellbar (Abb. 21 A), dann können auch mathematisch genaue Lösungen in Frage kommen. Ansonsten (Abb. 21 B) führen das graphische und alle versuchstechnischen Verfahren einfach zum Ziele.

Wird ein Teil der Gebietsgrenze von einer freien Oberfläche gebildet, dann sind, von wenigen Ausnahmefällen abgesehen, die mathematischen Lösungen schwieriger und überdies meist nur Näherungslösungen. Die graphischen Verfahren sind bei Vorhandensein einer freien Oberfläche umständlicher, und die Möglichkeit zur versuchstechnischen Lösung ist eingeschränkt (Abb. 21 C).

Die größten Schwierigkeiten bietet das Vorhandensein einer Sickerfläche, die bei den praktisch möglichen Grundwasserströmungen fast immer in Verbindung mit der freien Oberfläche auftritt. Ist die Strömung durch die Sickerfläche von keiner Bedeutung für das gesamte Strömungsbild, dann wird man für die Näherungslösung vom Vorhandensein der Sickerfläche ganz absehen (Abb. 21 C). Wird dagegen das Strömungsbild von der Strömung durch die Sickerfläche beherrscht (Abb. 21 D), dann führen graphische und versuchstechnische Verfahren noch am raschesten zu einer brauchbaren Lösung.

Dieser kurze Überblick über die Bedeutung der Randbedingungen weist auf die Notwendigkeit hin, vor der Inangriffnahme der Lösung jeder Grundwasseraufgabe die Art der jeweils vorliegenden Randbedingungen sicher festzustellen.

b) Die Verfahren zur Lösung der Aufgaben und ihre Anwendung.

1. Rechnerische Verfahren.

α) Einiges über konforme Abbildung und die geometrischen Eigenschaften ebener Potentialströmungen.

Die Theorie der konformen Abbildung ist ein Teil der allgemeinen Funktionentheorie[1] und stellt ein außerordentlich wertvolles Hilfsmittel der mathematischen Physik, und zwar insbesondere für die Gebiete Elektrotechnik, Wärmelehre und Hydrodynamik der idealen Flüssigkeiten dar. Darüber hinaus hat die konforme Abbildung aber auch in die praktische Hydraulik Eingang gefunden, und es wird ihr dementsprechend in neueren Lehrbüchern der Hydraulik ein eigener Abschnitt gewidmet.[2] Hier werden daher im folgenden nur die für die Anwendung

---

[1] L. Bieberbach: Funktionentheorie, II. Bd. Leipzig. 1927; Einführung in die konforme Abbildung. Sammlung Göschen, Bd. 768. — H. Burkhardt: Funktionentheoret. Vorlesungen. Berlin und Leipzig. 1921.

[2] L. Prandtl: Strömungslehre, S. 55f. — W. Kaufmann: Hydromechanik, I. Bd., S. 128f.

in der Theorie der Grundwasserbewegung wichtigsten Zusammenhänge aufgezählt.

Jede komplexe Größe $\omega = \varphi + i\,\psi$ kann als Punkt der komplexen Zahlenebene — der ω- oder $(\varphi\psi)$-Ebene — dargestellt werden (Abb. 22), wobei der reelle Bestandteil φ als Abszisse und der Betrag ψ des imaginären Bestandteiles als Ordinate aufgetragen wird. Besteht neben der ω-Ebene noch eine zweite Zahlenebene für die komplexe Größe $z = x + i\,y$, so können durch jeden funktionellen Zusammenhang $\omega = f(z)$ zwischen den beiden Veränderlichen ω und z die beiden Ebenen aufeinander bezogen werden, so daß jedem Punkte der ω-Ebene je nach Vieldeutigkeit der *Abbildungsfunktion* $\omega = f(z)$ ein oder mehrere Punkte der z-Ebene oder umgekehrt entsprechen. In der Funktionentheorie wird nachgewiesen,

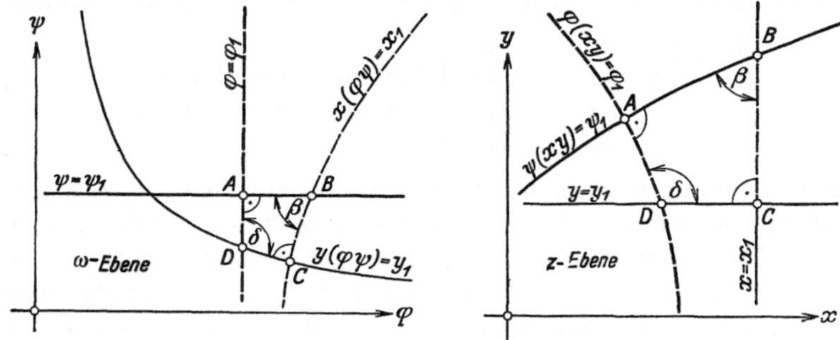

Abb. 22. Konforme Abbildung.

daß durch jede analytische Funktion zwischen ω und z alle Gebilde der einen Ebene auf die andere Ebene derart abgebildet werden, daß einander entsprechende Winkel gleich sind. Eine solche Abbildung heißt winkeltreu oder auch konform, weil einander entsprechende, unendlich kleine Gebilde infolge der Winkeltreue geometrisch ähnlich sind.

Von besonderem praktischen Interesse sind dabei jene Kurven, in welche die zu den Koordinatenachsen parallelen Geraden der einen Ebene bei der Abbildung auf die andere Ebene übergehen. Man erhält sie, indem man die durch die Abbildungsfunktion f vorgeschriebenen Rechenoperationen an den komplexen Argumenten $\varphi + i\,\psi$ bzw. $x + i\,y$ soweit durchführt, bis die Gleichung nur mehr aus reellen und rein imaginären Summanden besteht. Durch Zusammenfassung aller reellen bzw. rein imaginären Bestandteile auf einer Seite der Gleichung entsteht wieder ein komplexer Ausdruck, der nur dann Null sein kann, wenn sowohl sein reeller wie auch der Betrag des imaginären Bestandteiles für sich Null sind. Diese Bedingung liefert zwei Gleichungen zwischen den vier reellen Veränderlichen φ, ψ und x, y, und zwar

$$F_1(x, y, \varphi, \psi) = 0 \quad \text{und} \quad F_2(x, y, \varphi, \psi) = 0,$$

aus welchen durch Ausscheidung je einer der vier Veränderlichen entweder das Funktionspaar

$$\varphi = \varphi(x, y) \quad \text{und} \quad \psi = \psi(x, y)$$

oder

$$x = x(\varphi, \psi) \quad \text{und} \quad y = y(\varphi, \psi)$$

hergeleitet werden kann.

Die Funktionen $\varphi(x, y)$ und $\psi(x, y)$ stellen die Linienscharen in der (xy)-Ebene dar, welche den achsenparallelen Geraden der $(\varphi\psi)$-Ebene entsprechen, und die Funktionen $x(\varphi, \psi)$ und $y(\varphi, \psi)$ sind die analytischen Ausdrücke für die Liniensysteme in der $(\varphi\psi)$-Ebene, in welche die achsenparallelen Geraden der (xy)-Ebene durch die Abbildung übergehen.

Wie in der Analysis weiter nachgewiesen wird, müssen alle auf diesem Wege gefundenen Funktionen φ, ψ, x und y den Differentialgleichungen

$$\left.\begin{aligned} &\frac{\partial \varphi}{\partial x} = \frac{\partial \psi}{\partial y}, \quad \frac{\partial \varphi}{\partial y} = -\frac{\partial \psi}{\partial x} \\ \text{und} \quad &\frac{\partial x}{\partial \varphi} = \frac{\partial y}{\partial \psi}, \quad \frac{\partial x}{\partial \psi} = -\frac{\partial y}{\partial \varphi} \end{aligned}\right\} \begin{array}{l}\text{Differentialgleichungen} \\ \text{von Cauchy-Riemann}\end{array} \qquad (34)$$

genügen. Dies besagt aber, daß die Linienscharen φ und ψ bzw. x und y aufeinander normal stehen. Da überdies jede dieser Funktionen, wie man sich durch Differenzieren der obigen Differentialgleichungen überzeugen kann, auch eine Lösung der Laplaceschen Differentialgleichung darstellt, können die Funktionenpaare φ, ψ und x, y als Niveau- und Stromliniensysteme ebener Potentialbewegungen und daher auch von Grundwasserströmungen gedeutet werden.

Von Wichtigkeit für die praktische Anwendung ist die Vertauschbarkeit der zueinander normalen Kurvenscharen in ihrer Bedeutung als Niveau- und Stromlinien, ferner die Tatsache, daß jede Stromlinie durch eine feste Berandung ersetzt, d. h. als Bereichgrenze aufgefaßt werden kann, ohne daß hierdurch das gesamte Strömungsbild eine Änderung erfährt.

Jede Strom- oder Niveaulinie kann aber auch als Grenze zweier verschieden durchlässiger Bereiche betrachtet werden. In diesen Grenzlinien wird sich dann zwar die Filtergeschwindigkeit oder das Standrohrspiegelgefälle sprunghaft ändern, aber die Strom- und Niveaulinien behalten im ganzen Bereich ihre Form bei. Von dieser Möglichkeit kann man, wie weiter unten gezeigt wird, bei Strömungsvorgängen in nicht gleichartig zusammengesetzten Grundwasserträgern unter Umständen Gebrauch machen.[1]

Legt man im Punkte P (Abb. 23) einer ebenen Grundwasserströmung die x-Achse des Bezugssystems in die Strömungsrichtung s, dann fällt die y-Achse in die Richtung n der Niveaulinie durch diesen Punkt. Sind

[1] Siehe S. 129f.

weiter φ die Niveaufunktion und ψ die Stromfunktion dieser Bewegung, dann lautet die erste der Gln. (34)

$$\frac{d\varphi}{ds} = \frac{d\psi}{dn}. \tag{35}$$

Hierin bedeutet ds den Abstand der beiden Niveaulinien φ und $\varphi - d\varphi$ und dn den Abstand der beiden Stromlinien ψ und $\psi - d\psi$. Der Differentialquotient des Geschwindigkeitspotentials φ in der Strömungsrichtung s ist aber gleich der Geschwindigkeit V, so daß für den Unterschied $d\psi$ der Stromfunktionswerte zufolge Gl. (35) die Beziehung

$$d\psi = V \,.\, dn$$

gilt. Nach der Raumgleichung ist aber $V \,.\, dn$ gleich dem Durchfluß dq zwischen den beiden Stromlinien ψ und $\psi - d\psi$, wenn die Schichtdicke eins beträgt. Der Durchfluß zwischen je zwei Stromlinien ist also immer gleich dem Unterschied der Stromfunktionswerte für diese beiden Stromlinien.

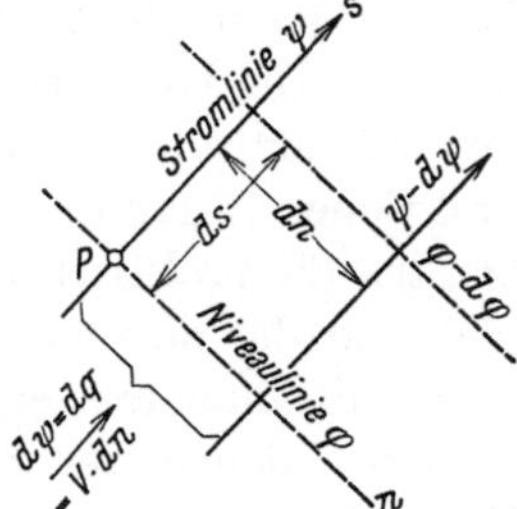

Abb. 23. Bedeutung der Stromfunktion.

Ist der Strömungsbereich einer ebenen Potentialbewegung von zwei Niveaulinien φ_1 und φ_2 und von zwei Stromlinien ψ_1 und ψ_2 begrenzt, so bedeutet dies, daß der Bereich unter der Einwirkung einer Niveaudifferenz $\varphi_1 - \varphi_2$ von der Flüssigkeitsmenge $\psi_1 - \psi_2$ durchströmt wird. Für die Übertragung dieses Zusammenhanges auf eine Grundwasserbewegung durch diesen Bereich gilt daher die Verhältnisgleichung

$$\frac{q}{k\,(h_1 - h_2)} = \frac{\psi_1 - \psi_2}{\varphi_1 - \varphi_2},$$

wenn der, den Niveaulinien φ_1 und φ_2 entsprechende Standrohrspiegelunterschied mit $(h_1 - h_2)$ bezeichnet wird. Hieraus folgt die Beziehung

$$q = k\,(h_1 - h_2)\,\frac{\psi_1 - \psi_2}{\varphi_1 - \varphi_2}, \tag{36}$$

die besagt, daß der Durchfluß verhältnisgleich ist der Durchlässigkeit des Bodens, ferner dem für den Gesamtbereich wirksamen Standrohrspiegelunterschied und schließlich dem Faktor $\frac{\psi_1 - \psi_2}{\varphi_1 - \varphi_2}$, der nur die Form des Strömungsbereiches kennzeichnet und daher von dessen absoluten Ausmaßen unabhängig ist. Dieser Faktor wird in der Folge als der *Formfaktor* des betreffenden Gebietes bezeichnet.

Sind die Randstromlinien Grenzen gegen undurchlässiges Material, also keine freien Oberflächen, dann ist die Form des Bereiches vom Standrohrspiegelunterschied $(h_1 - h_2)$ unabhängig. Besteht dagegen ein Teil der Gebietsgrenze aus einer freien Oberfläche, dann ändert sich mit $(h_1 - h_2)$ auch die Form des Bereiches. Diese Unterscheidung ist für die versuchstechnische Lösung von Grundwasseraufgaben von Bedeutung.

Mit Hilfe der Gl. (36) können die theoretischen Ergebnisse einer konformen Abbildung in der mannigfachsten Art zur Lösung von Grundwasseraufgaben ausgewertet werden. Jede konforme Abbildung liefert eine unendliche Mannigfaltigkeit von Gebieten, die durch Strom- und Niveaulinien begrenzt sind, und jedes solche Gebiet kann als ein von festen Rändern begrenzter Strömungsbereich für Grundwasser betrachtet werden. Die Lage des Gebietes in der Ebene ist für das Ergebnis belanglos. Für eine Reihe konformer Abbildungen sind die Niveau- und Stromfunktionen analytisch und geometrisch einfach darstellbar, so daß hieraus für praktisch oft wiederkehrende Gebietsformen das Strömungsbild und der zugehörige Formfaktor gefunden werden können.

Greift man aus einem Strömungsbild nur jene Stromlinien heraus, zwischen denen der Durchfluß $d\psi = dq$ der gleiche ist und nur jene Niveaulinien, denen gleich große Niveauhöhenunterschiede $d\varphi = k \,.\, dh$ entsprechen, dann müssen die krummlinigen Rechtecke, in die das Strömungsgebiet durch die beiden Linienscharen zerlegt wird, untereinander ähnlich sein, denn zufolge Gl. (35) ist unter der obigen Voraussetzung

$$\frac{d\varphi}{d\psi} = \frac{ds}{dn} = \text{konstant},$$

also das Verhältnis der Seiten für alle Rechtecke das gleiche. Diese Beziehungen gelten nur im Bereich des unendlich Kleinen vollkommen genau, sie sind aber auch noch bei endlichen Differenzen Δs, Δn usw. anwendbar und für die graphischen Näherungsverfahren von grundlegender Bedeutung. Zeichnet man beispielsweise die Strom- und Niveaulinienscharen derart, daß das Strömungsgebiet dadurch in kleine krummlinige Quadrate zerlegt wird, dann ist wegen $\Delta s = \Delta n$ auch $\Delta\varphi = \Delta\psi$. Bei der quadratischen Netzteilung sind demnach die der Aufeinanderfolge der Linien entsprechenden Unterschiede der Niveau- und Stromfunktion gleich. Weil aber die Niveaufunktion einer Grundwasserbewegung der k-fachen Standrohrspiegelhöhe und die Stromfunktion dem Durchfluß gleich ist, gilt für jedes der Quadrate einer solchen Netzteilung

$$\Delta q = k \,.\, \Delta h. \tag{37}$$

Ist es gelungen, für eine ebene Grundwasserströmung das quadratische Netz der Strom- und Niveaulinien zu finden, so hat man damit die anschaulichste Darstellung der Geschwindigkeitsverteilung über das ganze Gebiet erreicht, denn die Filtergeschwindigkeit $V = k \frac{\Delta h}{\Delta s}$ ist, weil k und Δh konstant sind, der Länge Δs der Quadratseite an jeder Stelle verkehrt proportional.

Da in jedem Quadrat sekundlich ein Wassergewicht $\gamma \, . \, \Delta q$ um die Standrohrspiegelhöhe Δh absinkt, beträgt der sekundliche Energieverlust in jedem der Quadrate $\gamma \, . \, \Delta q \, . \, \Delta h = \gamma \, . \, k \, . \, \Delta h^2$, das heißt, er ist konstant. Die Quadrate sind also in dieser Hinsicht gleichwertig, so daß es beim Vergleich des Energieverbrauches in verschiedenen Teilgebieten eines Strömungsbereiches nur auf die Anzahl der Quadrate ankommt. Die Durchströmung des kleinen Bereiches 1, 2, 3, 4 (Abb. 42, links) erfordert, gleiche Durchlässigkeit vorausgesetzt, denselben Energieaufwand wie z. B. die Strömung durch den Bereich $A\ B\ C\ D$.

Jede Funktion $\omega = f(z)$ oder $z = f_1(\omega)$, die eine winkeltreue Abbildung aller Gebilde in der ω-Ebene auf die z-Ebene (Abb. 24) oder um-

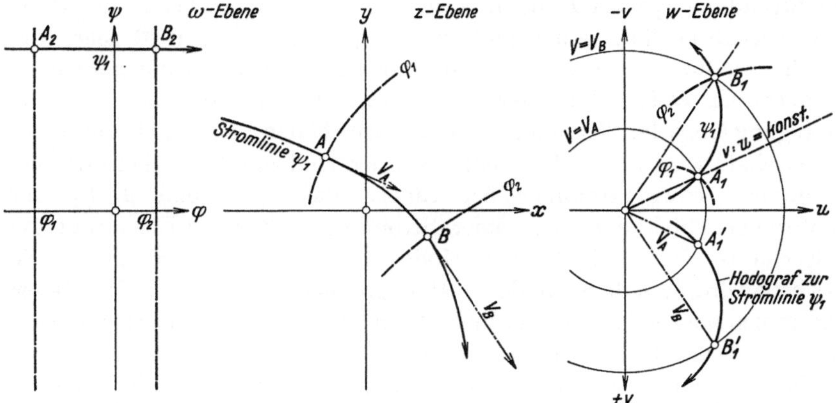

Abb. 24. Abbildung einer Strömung auf die Hodographenebene.

gekehrt vermittelt, muß als differenzierbar vorausgesetzt werden. Bildet man die erste Ableitung von ω nach z, also

$$\frac{d\omega}{dz} = w = f'(z) = f_2(z), \tag{38}$$

dann ist auch w eine Funktion von z und vermittelt eine winkeltreue Abbildung zwischen der w-Ebene und der z-Ebene. Nach den Regeln über das Differenzieren zusammengesetzter Funktionen ist aber

$$\frac{\partial \omega}{\partial x} = \frac{d\omega}{dz} \cdot \frac{\partial z}{\partial x} \text{ und wegen } \frac{\partial z}{\partial x} = 1,\ w = \frac{d\omega}{dz} = \frac{\partial \omega}{\partial x} = \frac{\partial(\varphi + i\,\psi)}{\partial x} =$$

$$= \frac{\partial \varphi}{\partial x} + i\,\frac{\partial \psi}{\partial x}.$$

Betrachtet man wieder φ als die Niveau- und ψ als die Stromfunktion einer ebenen Potentialbewegung in der z-Ebene, dann ist nach (30) und (34) $\frac{\partial \varphi}{\partial x} = u$, das ist die Geschwindigkeitskomponente in der x-Richtung und

$\frac{\partial \psi}{\partial x} = -v$, das ist die Geschwindigkeitskomponente in der y-Richtung, und daher

$$w = u - i\,v.$$

Die Koordinaten u und v für die Punkte der w-Ebene sind daher bis auf das Vorzeichen von v identisch mit den Geschwindigkeitskomponenten der Bewegung in der z-Ebene. Ist der Punkt A_1 die Abbildung des Punktes A der z-Ebene auf die w-Ebene und ist A_1' das Spiegelbild des Punktes A_1 gegen die u-Achse, dann sind die Koordinaten von A_1' auch der Richtung nach gleich den Geschwindigkeitskomponenten im Punkte A der z-Ebene und die Strecke OA_1' ist gleich dem Geschwindigkeitsvektor V_A im Punkte A. Bewegt sich der Punkt A der z-Ebene längs der Stromlinie ψ_1 nach B, dann bewegt sich der entsprechende Punkt A_1 in der w-Ebene längs einer Linie nach B_1, deren Spiegelbild gegen die u-Achse dadurch ausgezeichnet ist, daß die vom Ursprung gezogenen Fahrstrahlen OA_1', OB_1' usw. die Geschwindigkeitsvektoren für die Bewegung längs der Stromlinie in der z-Ebene bilden. Eine Linie mit dieser Eigenschaft wird in der Kinematik als der Hodograph der betreffenden Bahnkurve bzw. Stromlinie bezeichnet. Das Spiegelbild $A_1'B_1'$ der konformen Abbildung A_1B_1 einer Stromlinie AB der z-Ebene auf die w-Ebene ist daher gleich dem Hodographen dieser Stromlinie. Die w-Ebene wird deshalb auch als die Hodographenebene bezeichnet. Dieser Zusammenhang ist für die mathematische Behandlung von Strömungen mit freier Oberfläche von Bedeutung.[1]

In der Hodographenebene bilden die Linien gleicher Geschwindigkeit konzentrische Kreise um den Ursprung und die Linien gleicher Geschwindigkeitsrichtung sind Strahlen durch den Ursprung. Eine Schar konzentrischer Kreise und das Strahlenbüschel durch deren Mittelpunkt stellen aber zwei zueinander rechtwinkelige Liniensysteme dar und entsprechen immer einem Funktionenpaar, das die Gln. (34) und daher auch (31) befriedigt. Da zufolge Gl. (38) die w-Ebene und die z-Ebene zueinander konform abgebildet sind, müssen auch in der z-Ebene die Linien gleicher Geschwindigkeit (Isotachen) und die Linien gleicher Geschwindigkeitsrichtung (Isoklinen) ein rechtwinkeliges Netz bilden.[2]

Schließlich sei noch darauf hingewiesen, daß das Verfahren der graphischen Summierung skalarer Felder[3] auch auf Stromliniensysteme angewendet werden kann, denn jede Stromlinie ist eine Linie konstanter

[1] A. Betz u. E. Petersohn: Anwendung der Theorie der freien Strahlen. Ing. Arch. II. Bd., 1931. S. 190. — P. Neményi: Wasserbauliche Strömungslehre, S. 204.

[2] S. G. Gutman: Zur Kinematik zweidimensionaler Potentialströmungen. Abh. d. Hydrotechn. Forschungsinstitutes, Bd. XVIII. Leningrad. 1935. (In russischer Sprache.)

[3] Siehe S. 26 u. 36.

Stromfunktion. Zeichnet man demnach die Stromlinien in jedem der beiden zu summierenden Systeme in solchen gegenseitigen Abständen, daß der Durchfluß zwischen je zwei Linien der gleiche ist, dann stellt die diagonale Verbindung der Schnittpunkte beider Systeme wieder eine Schar von Linien gleicher Stromfunktion, u. zw. die Stromlinien der resultierenden Strömung dar.

Die Anwendung der Theorie der konformen Abbildung auf die Grundwasserströmung erfolgte zuerst durch PH. FORCHHEIMER.[1] Von der großen Anzahl der seitdem mit Hilfe der konformen Abbildung gelösten Aufgaben werden im folgenden einige Beispiele bis zu einem praktisch brauchbaren Ergebnis durchgeführt.

β) Anwendungsbeispiele.

Für die Reihenfolge der Anwendungsbeispiele ist die Art der Randbedingungen maßgebend und zwar sind zuerst Aufgaben mit gegebenen, festen Gebietsrändern und anschließend hieran Aufgaben mit freien Oberflächen und Sickerflächen behandelt. Die dabei erforderlichen Rechenarbeiten sind auf das zum Verständnis unbedingt notwendige Ausmaß beschränkt. Bei Aufgaben, die eine brauchbare analytische Lösung nicht zulassen, sind rechnerische Näherungslösungen vorgeschlagen oder es ist auf die jeweils zweckmäßigste Bearbeitung mit Hilfe der versuchstechnischen oder zeichnerischen Verfahren hingewiesen.

Strömung unter einer Spundwand bei großer Mächtigkeit des Grundwasserträgers.

In einem ausgedehnten Grundwasserträger, der oben von einer waagrechten Ebene, etwa der Sohle eines Flußlaufes, begrenzt ist, sei bis zur Tiefe t eine Spundwand gerammt, und unter dem Einfluß des Wasserspiegelunterschiedes $h_0 - h_u$ erfolge die Umströmung der Spundwand in der in Abb. 25 angedeuteten Richtung.

Die Randbedingungen dieser ebenen Grundwasserbewegung sind: Die Spundwand muß eine Stromlinie sein, also muß die Stromfunktion längs der Spundwand, und zwar zu beiden Seiten derselben den gleichen konstanten Wert besitzen, und die beiden Abschnitte der Flußsohle links und rechts der Spundwand stellen je eine Fläche (Linie) gleichen Standrohrspiegels dar, sind also Niveauflächen (-linien) dieser Strömung.

Ein Strömungsbild, das diese einfachen Randbedingungen genau erfüllt, wird durch die konforme Abbildung mit Hilfe der Funktion

$$\omega = \arccos \frac{z}{t} \tag{39}$$

[1] Hydraulik, S. 94f., und Ber. d. Akad. d. Wiss. Wien. 1917: Zur Grundwasserbewegung nach isothermischen Kurvenscharen.

vermittelt.[1] Führt man die Abbildung nach dem vorhin angedeuteten Verfahren analytisch durch, so erhält man zunächst

$$\cos(\varphi + i\,\psi) = \frac{x}{t} + i\,\frac{y}{t},$$

$$\cos\varphi\,\mathfrak{Cof}\,\psi - i\sin\varphi\,\mathfrak{Sin}\,\psi = \frac{x}{t} + i\,\frac{y}{t}$$

und hieraus durch Gleichsetzen der reellen und imaginären Teile

$$x = t\cos\varphi\,\mathfrak{Cof}\,\psi \quad \text{und} \quad y = -\,t\sin\varphi\,\mathfrak{Sin}\,\psi.$$

Die Trennung nach φ und ψ ergibt schließlich

$$\frac{x^2}{t^2\cos^2\varphi} - \frac{y^2}{t^2\sin^2\varphi} = 1 \quad (40)$$

und

$$\frac{x^2}{t^2\,\mathfrak{Cof}^2\,\psi} + \frac{y^2}{t^2\,\mathfrak{Sin}^2\,\psi} = 1\,. \quad (41)$$

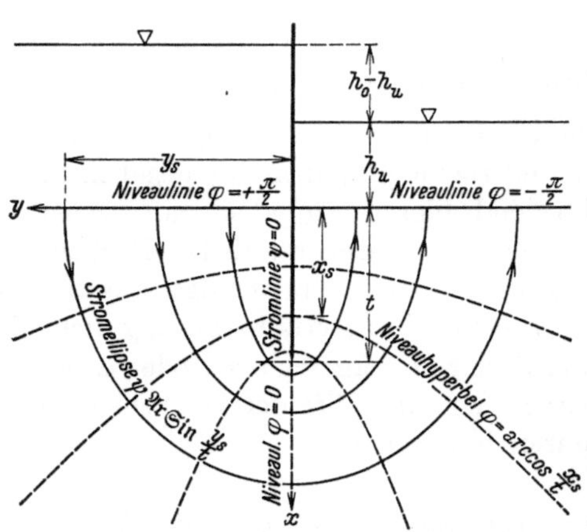

Abb. 25. Strömung unter einer Spundwand in einem ausgedehnten Grundwasserträger.

Die erste dieser beiden Gleichungen stellt ein System konfokaler Hyperbeln mit dem Brennpunktsabstande $2t$ dar mit φ als veränderlichem Parameter. Durch die konforme Abbildung mittels (39) wird also das System der achsenparallelen Geraden $\varphi =$ konst. in der ω-Ebene in Hyperbeln der z-Ebene umgewandelt.

Die zweite Gleichung ist die eines Systems konfokaler Ellipsen mit denselben Brennpunkten, und diese Ellipsenschar in der z-Ebene ist die konforme Abbildung der achsenparallelen Geraden $\psi =$ konst. der ω-Ebene.

Dem Bildungsgesetz entsprechend, stehen die beiden Kurvenscharen aufeinander normal und können als Strom- und Niveaulinien einer Grundwasserbewegung gedeutet werden. Aus Gl. (40) geht hervor, daß die Funktion φ längs der Flußsohle, das ist für $x = 0$, konstant ist, und zwar besitzt sie für $y > 0$ den Wert $\frac{\pi}{2}$ und für $y < 0$ den Wert $-\frac{\pi}{2}$. Die Funktion φ ist daher das Geschwindigkeitspotential oder die Niveaufunktion dieser Strömung. Die Funktion ψ ist, wie sich aus Gl. (41) nachweisen läßt, längs der Spundwand, das ist für $y = 0$ und $|x| \leq t$ konstant und besitzt dort den Wert Null. Die Funktion ψ ist daher die

[1] G. Holzmüller: Einführung in die Theorie der isogonalen Verwandtschaften und der konformen Abbildungen. S. 246. Leipzig. 1882.

Stromfunktion dieser Bewegung. Die Umströmung der Spundwand erfolgt also in elliptischen Bahnen normal zur Hyperbelschar.

Damit ist die Aufgabe formal gelöst, und es ist nur noch der Übergang von der Potentialbewegung zur Grundwasseraufgabe durchzuführen. Dabei wird zum Unterschied von der Filtergeschwindigkeit V die Geschwindigkeit bei der Potentialbewegung mit $\overline{V}$ bezeichnet. Unter der Einwirkung des Niveauunterschiedes $\Delta\varphi = \pi$ entstehen bei der durch die Gln. (40) und (41) dargestellten Potentialbewegung Geschwindigkeiten $\overline{V}$, deren Komponenten den entsprechenden Ableitungen der Niveaufunktion φ bzw. der Stromfunktion ψ gleich sind. Es gilt

für die x-Richtung $\bar{u} = \frac{\partial \varphi}{\partial x}$ oder zufolge (34) $\bar{u} = \frac{\partial \psi}{\partial y}$

und für die y-Richtung $\bar{v} = \frac{\partial \varphi}{\partial y}$ „ „ (34) $\bar{v} = -\frac{\partial \psi}{\partial x}$.

Bei der Grundwasserbewegung ist an Stelle des Niveauunterschiedes π der k-fache Standrohrspiegelunterschied, also $k \, . \, (h_0 - h_u)$ wirksam, so daß die dabei entstehenden Filtergeschwindigkeiten V im Verhältnis $k \frac{h_0 - h_u}{\pi}$ größer sein müssen als die Geschwindigkeiten $\overline{V}$ der Potentialströmung. Die Komponenten der Filtergeschwindigkeit sind daher

$$u = \frac{k\,(h_0 - h_u)}{\pi} \cdot \frac{\partial \varphi}{\partial x} = \frac{k\,(h_0 - h_u)}{\pi} \cdot \frac{\partial \psi}{\partial y}$$

und

$$v = \frac{k\,(h_0 - h_u)}{\pi} \cdot \frac{\partial \varphi}{\partial y} = -\frac{k\,(h_0 - h_u)}{\pi} \cdot \frac{\partial \psi}{\partial x}$$

Von praktischem Interesse ist die Kenntnis jener Stellen des Strömungsbereiches, an welchen die Filtergeschwindigkeit oder das Standrohrspiegelgefälle ihren größten Wert erreichen. In der Umgebung solcher Punkte kann die Schleppkraft des Wassers einzelne Bodenteilchen in Bewegung setzen und dadurch Anstoß geben zu einer örtlich beschränkten Strukturänderung im Grundwasserträger oder zu dessen vollständiger Zerstörung durch Ausspülung und Grundbruch.[1] Der kritische Wert J_k des Standrohrspiegelgefälles ist jener, bei welchem die vom strömenden Wasser auf die Bodenteilchen ausgeübten Kräfte dem Gewicht des Bodenteilchens das Gleichgewicht halten. Die Größe des kritischen Gefälles ergibt sich aus der folgenden Überlegung: Besitzt ein durchlässiger Boden den relativen Porenraum ε, dann enthält die Raumeinheit des Bodens ε Raumeinheiten Wasser und $(1 - \varepsilon)$ Raumeinheiten feste

[1] F. Schaffernak: Über die Standsicherheit durchlässiger, geschütteter Dämme. Allg. Bauztg., H. IV. Wien. 1917. — K. Terzaghi: Erdbaumechanik, S. 128. — F. Behring: Welche Druckverluste erleidet Wasser beim Durchströmen einer Sandschicht und wann erfolgt deren Aufwirbelung. Diss. Berlin. 1926.

Teilchen (Abb. 26). Auf diese $(1-\varepsilon)$ Raumeinheiten der Festsubstanz wirken in der Richtung der Filterbewegung die Reibungs- oder *Schleppkraft* $\gamma \,.\, J$ des Wassers, ferner lotrecht nach abwärts das *Gewicht* $\gamma_s\,(1-\varepsilon)$, wenn γ_s das Eigengewicht der Festsubstanz bedeutet und schließlich die Resultierende aller Wasserdrücke, das ist der Strömungsdruck, der wegen der Kleinheit der tatsächlichen Wassergeschwindigkeit dem archimedischen *Auftrieb* $\gamma\,(1-\varepsilon)$ gleichgesetzt werden kann. Diese drei Kräfte haben fast immer eine von Null verschiedene Mittelkraft, der die Auflagerwiderstände der einzelnen Teilchen oder die inneren Spannungen an deren Verbindungsstellen das Gleichgewicht halten. Fehlen diese Widerstände, dann bewegt sich ein solches freies Teilchen in der Richtung dieser Mittelkraft. Ist in einem Punkte des Strömungsgebietes die Filterbewegung lotrecht, dann sind alle vom Wasser auf das Teilchen wirkenden Kräfte auch lotrecht und die Gleichgewichtsbedingung für ein freies Teilchen lautet

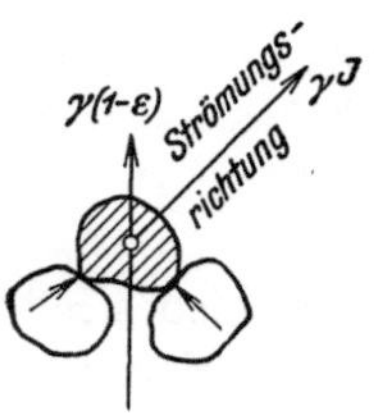

Abb. 26. Schleppkraftwirkung im Grundwasser.

$$\gamma \,.\, J_k + (1-\varepsilon)\,\gamma - (1-\varepsilon)\,\gamma_s = 0.$$

Das kritische Gefälle

$$J_k = \frac{(1-\varepsilon)\,(\gamma_s-\gamma)}{\gamma}$$

ist also vom Eigengewicht der Flüssigkeit und von jenem der Festsubstanz sowie vom relativen Porenraum des Bodens abhängig. Natürliche Böden besitzen einen relativen Porenraum von 0,25 bis 0,5 und bestehen meist aus Mineralien vom Eigengewicht $\gamma_s \sim 2{,}6$. Dementsprechend liegt das kritische Gefälle zwischen den Werten 1,2 und 0,8 und ist im Mittel gleich der Einheit. Dem Darcygesetz zufolge ist die kritische Geschwindigkeit $V_k = k \,.\, J_k$ und im Mittel daher gleich der Durchlässigkeit.

Für die Untersuchung einer Grundwasserströmung hinsichtlich der Größtwerte der Geschwindigkeit genügt die Betrachtung des Geschwindigkeitsverlaufes an den Grenzen des Strömungsgebietes, weil Größtwerte der Geschwindigkeit nach einem Satz der Potentialtheorie[1] nie im Innern, sondern nur am Rande eines Gebietes auftreten können. Für die Umströmung der Spundwand wird daher im folgenden der Verlauf der Ein- und Austrittsgeschwindigkeit u_1 (Abb. 27 links) längs der Flußsohle, ferner der Verlauf der Geschwindigkeit u_2 längs der Spundwand und schließlich zur Vervollständigung des Bildes auch die Geschwindigkeitsverteilung im lotrechten Querschnitt unterhalb der Spundwand untersucht.

Für die Berechnung der Ein- und Austrittsgeschwindigkeit u_1 längs

---

[1] H. LAMB: Hydrodynamik, S. 42.

der Flußsohle ist zunächst aus Gl. (41) die Ableitung $\frac{\partial \psi}{\partial y}$ zu bilden und hierin $x = 0$ zu setzen. Das Ergebnis ist

$$\frac{\partial \psi}{\partial y} = \frac{1}{t\sqrt{1+\left(\frac{y}{t}\right)^2}}$$

und daher

$$u_1 = \frac{k\,(h_0 - h_u)}{t} \cdot \frac{1}{\pi\sqrt{1+\left(\frac{y}{t}\right)^2}} = \frac{k\,(h_0 - h_u)}{t} \cdot F_1\left(\frac{y}{t}\right).$$

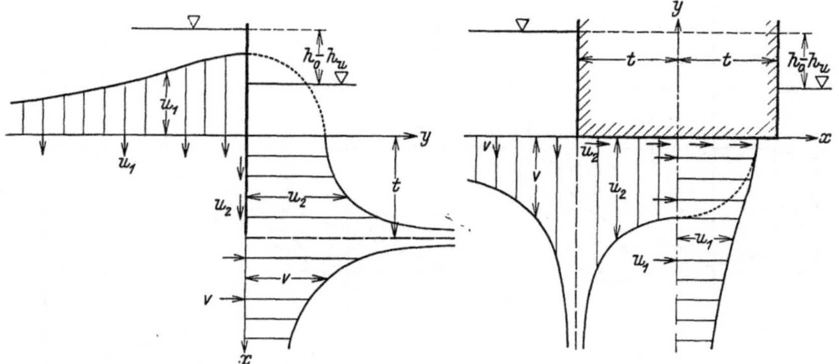

Abb. 27. Geschwindigkeitsverteilung bei der Strömung unter der Spundwand bzw. Platte.

Die Geschwindigkeit u_1 erreicht ihren Größtwert bei $y = 0$, das ist unmittelbar neben der Spundwand. Es ist

$$u_{1\max} = \frac{k\,(h_0 - h_u)}{t\,\pi} \quad \text{und daher} \quad J_{\max} = \frac{u_{1\max}}{k} = \frac{h_0 - h_u}{t\,\pi}.$$

Damit auf der Unterwasserseite keine Grundbruchgefahr auftritt, muß die Bedingung

$$J_{\max} < J_k \quad \text{oder} \quad \frac{h_0 - h_u}{t} < \pi\, J_k$$

erfüllt sein. Beträgt das kritische Gefälle $J_k = 1$, dann besteht die Gefahr eines Grundbruches, sobald der Wasserspiegelunterschied zwischen Ober- und Unterwasser ungefähr die dreifache Rammtiefe der Spundwand erreicht.

Der Verlauf der Filtergeschwindigkeit u_2 längs der Spundwand ergibt sich aus Gl. (40), wenn in der Ableitung $\frac{\partial \varphi}{\partial x}$ für y der Wert null gesetzt wird. Es ist daher

$$u_2 = \frac{k\,(h_0 - h_u)}{t} \cdot \frac{1}{\pi\sqrt{1-\left(\frac{x}{t}\right)^2}} = \frac{k\,(h_0 - h_u)}{t} \cdot F_2\left(\frac{x}{t}\right).$$

Die Filtergeschwindigkeit u_2 wird bei $x = t$, das ist am unteren Spundwandende, rechnungsmäßig unendlich groß. Dieser Widerspruch ist durch die vollständige Vernachlässigung der Trägheitskräfte im Darcygesetz bedingt und äußert sich am unteren Spundwandende, weil dort die Filterbewegung eine unendlich große Krümmung aufweist. Tatsächlich wird sich dieser Größtwert aber in endlichen Größen bewegen, weil die Trägheitskräfte wirksam sind und überdies keine ideale ebene Wand, sondern eine Spundwand von endlicher Dicke vorliegt. Immerhin werden

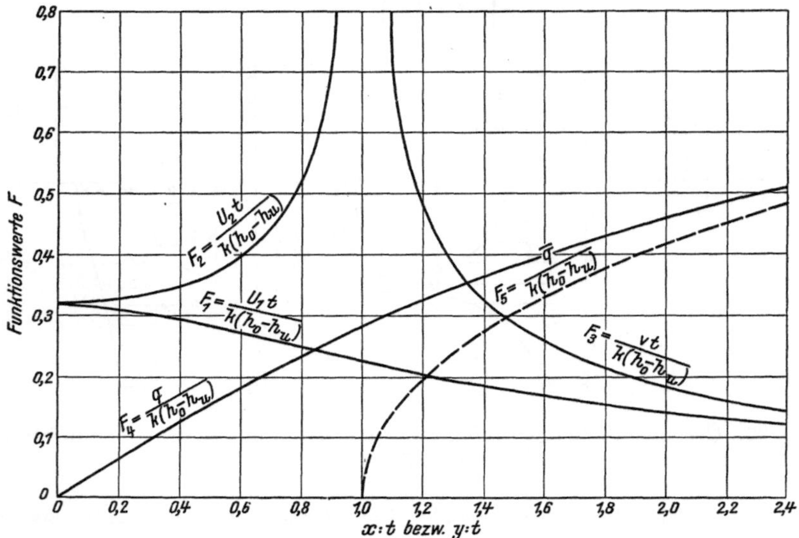

Abb. 28. Schaubild zur Berechnung der Geschwindigkeiten und des Durchflusses.

die großen Werte des Gefälles und der Geschwindigkeit an dieser Stelle eine Wanderung der feinsten Teilchen und damit eine Veränderung der Bodenstruktur in der nächsten Umgebung solcher Unstetigkeitsstellen bewirken, die so lange fortschreitet, bis die geänderten Durchlässigkeitsverhältnisse und das zugehörige, veränderte Strömungsbild wieder einem Gleichgewichtszustande entsprechen.

Zur Berechnung der Geschwindigkeit v im lotrechten Querschnitt unter der Spundwand ist $\frac{\partial \psi}{\partial x}$ aus Gl. (41) mit $y = 0$ zu rechnen. Es wird also

$$v = \frac{k\,(h_0 - h_u)}{t} \cdot \frac{1}{\pi \sqrt{\left(\frac{x}{t}\right)^2 - 1}} = \frac{k\,(h_0 - h_u)}{t} \cdot F_3\left(\frac{x}{t}\right).$$

Im Flächenstreifen von der Breite y ab Spundwand und der Länge eins kommt eine Wassermenge

$$q = \int_0^y u\,dy = \frac{k\,(h_0 - h_u)}{\pi} \int_0^y \frac{dy}{\sqrt{t^2 + y^2}} =$$

$$= k\,(h_0 - h_u)\left[\frac{1}{\pi} \ln\left(\frac{y}{t} + \sqrt{\left(\frac{y}{t}\right)^2 + 1}\right)\right] = k\,(h_0 - h_u)\,F_4\left(\frac{y}{t}\right)$$

zum Durchfluß. Der Ausdruck in der eckigen Klammer stellt den Formfaktor des Gebietes dar und ist nur vom Verhältnis $y:t$ abhängig, da geometrisch ähnlichen Strömungsformen, also gleichen Werten $y:t$ auch gleiche Werte des Formfaktors entsprechen müssen.

In der Abb. 28 ist der Verlauf der Werte für die Funktionen F_1 bis F_4 graphisch dargestellt, so daß hieraus die Durchflußmenge sowie die Geschwindigkeitsverteilung in den drei genannten Richtungen für jede, durch die Werte k, t und $(h_0 - h_u)$ gekennzeichnete Anordnung entnommen werden können.

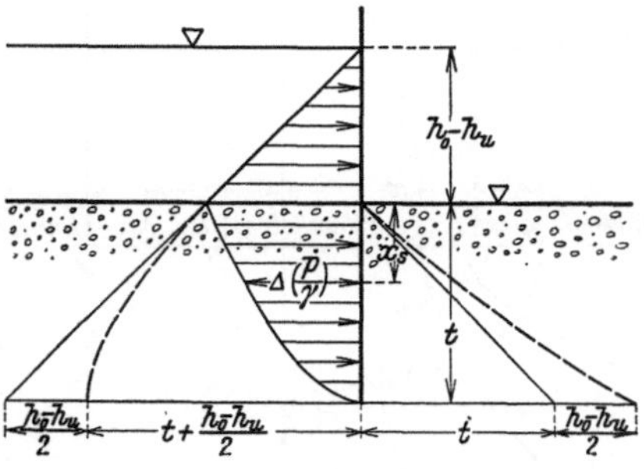

Abb. 29. Wasserdruck auf eine umströmte Spundwand.

Um die Verteilung des Wasserdruckes längs der Spundwand kennenzulernen, ist vorher der Standrohrspiegelverlauf zu bestimmen. Dieser ergibt sich aus der Verhältnisgleichung

$$\frac{h_0 - h}{h_0 - h_u} = \frac{\frac{\pi}{2} \mp \arccos \frac{x_s}{t}}{\pi},$$

denn die Standrohrspiegelunterschiede bei der Grundwasserströmung verhalten sich wie die entsprechenden Niveauunterschiede bei der Potentialbewegung (Abb. 25). Das negative Vorzeichen entspricht hierin der Oberwasserseite, das positive der Unterwasserseite. Es ist also die Standrohrspiegelhöhe

$$h = h_0 - \frac{h_0 - h_u}{\pi}\left(\frac{\pi}{2} \mp \arccos \frac{x_s}{t}\right),$$

und da für gleich hohe Punkte links und rechts der Spundwand der Standrohrspiegelunterschied gleich ist dem Druckhöhenunterschied, beträgt dieser

$$\Delta\left(\frac{p}{\gamma}\right) = \frac{2\,(h_0 - h_u)}{\pi} \arccos \frac{x_s}{t}.$$

Der durch die Umströmung verursachte einseitige Überdruck des Wassers auf den eingerammten Abschnitt der Spundwand kann somit unter Umständen größer sein als der Wasserüberdruck auf den freistehenden Wandabschnitt (Abb. 29).

Strömung unter einer Platte bei großer Mächtigkeit des Grundwasserträgers.

Die auf einer Seite der x-Achse gelegene Hälfte des Kurvenbildes Abb. 25 gibt, wenn man das Bild um 90° dreht, das Strömungsbild, das sich unterhalb einer ebenen, waagrechten Gründungsplatte von der Länge $2t$ in durchlässigem Boden sehr großer Tiefe ausbilden muß. Der zwischen den Brennpunkten gelegene Abschnitt auf der x-Achse stellt die Gründungsplatte dar und ihre Verlängerung nach beiden Seiten bildet die Flußsohle (Abb. 30).

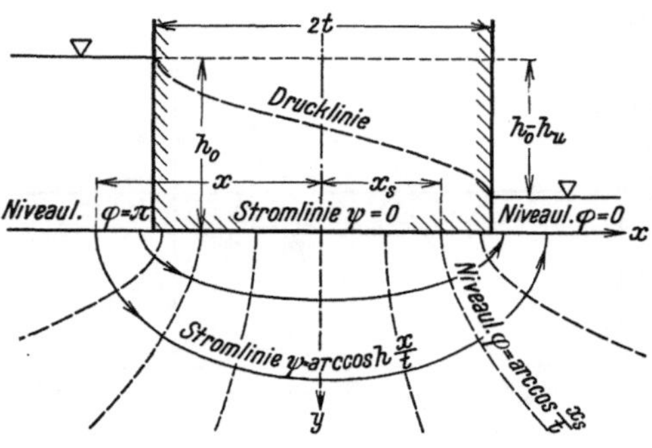

Abb. 30. Strömung unter einer waagrechten Platte auf einem ausgedehnten Grundwasserträger.

Für die Geschwindigkeitsverteilung längs der Flußsohle, der Gründungsplatte und im lotrechten Querschnitt unterhalb Plattenmitte sind die bestehenden theoretischen Zusammenhänge bereits im vorhergehenden Abschnitt dargestellt. Wie die Abb. 27 rechts zeigt, ist die Eintritts-geschwindigkeit v längs der Flußsohle identisch mit der Geschwindigkeit v im Querschnitt unterhalb der Spundwand, die Filtergeschwindigkeit u_2 längs der Platte ist identisch mit u_2 längs der Spundwand und die Geschwindigkeit u_1 unterhalb Plattenmitte ist identisch mit der Eintrittsgeschwindigkeit u_1 bei der Umströmung der Spundwand. Es sind also die dort geltenden analytischen und graphischen Darstellungen ohne Änderung auch auf diesen Strömungsvorgang anwendbar.

Die Wassermenge, die im Flächenstreifen vom Plattenrand bis zum Abstande x von Plattenmitte zum Durchfluß kommt, beträgt:

$$\bar{q} = \int_t^x v \, . \, dx = k\,(h_0 - h_u)\left[\frac{1}{\pi}\ln\left(\frac{x}{t} + \sqrt{\left(\frac{x}{t}\right)^2 - 1}\right)\right] = k\,(h_0 - h_u)\,F_5\left(\frac{x}{t}\right).$$

Der Verlauf der Werte für $F_5\left(\frac{x}{t}\right)$ ist in Abb. 28 eingetragen.

Für die Bestimmung des Druckhöhenverlaufes längs der Platte gilt zunächst mit der gleichen Begründung wie bei der Spundwand:

$$\frac{h_0 - h}{h_0 - h_u} = \frac{\pi - \arccos\frac{x_s}{t}}{\pi}.$$

Werden die Standrohrspiegelhöhen von der Platte aus aufgetragen, dann folgt hieraus

$$h = \frac{p}{\gamma} = h_u + \frac{h_0 - h_u}{\pi}\arccos\frac{x_s}{t}.$$

Betrachtet man in Abb. 30 die Ellipsen als Niveaulinien und die Hyperbeln als Stromlinien, dann kann damit die bereits S. 43 erwähnte Zuströmung artesischen Grundwassers zu einem langen Schlitz mit waagrechter Sohle beschrieben werden (Abb. 18).

Strömung unter einer Spundwand bei beliebiger Mächtigkeit des Grundwasserträgers.

Die vorgenannten Beziehungen gelten nur unter der Annahme, daß die Mächtigkeit des Grundwasserträgers ein Vielfaches der Spundwandtiefe (Plattenlänge) ist, und wo daher das Strömungsbild im Bereiche der Spundwand (Platte) von der unteren Begrenzung der durchlässigen Schicht praktisch nicht mehr beeinflußt wird. Aber auch bei geringerer Mächtigkeit des Grundwasserträgers im Verhältnis zur Spundwandtiefe ist mit Hilfe konformer Abbildung eine hinreichend genaue Näherungslösung möglich.

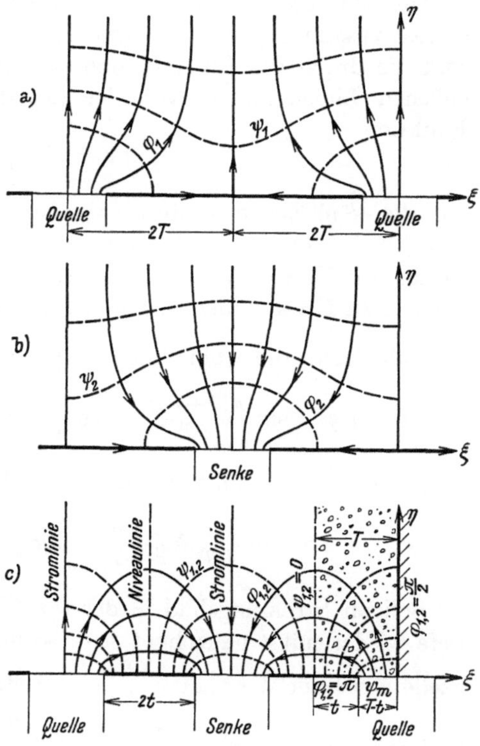

Abb. 31. Strömung unter einer Spundwand bei beliebiger Mächtigkeit des Grundwasserträgers.

Die theoretische Grundlage hierfür bilden die Niveau- und Stromliniensysteme, die einer unendlichen Reihe aufeinanderfolgender und gleich langer Quellen und Senken entsprechen, die, durch gleiche Zwischenstrecken getrennt, in einer Geraden gelegen sind (Abb. 31c). Die auf Grund dieser Anordnung in der Ebene entstehende Potentialbewegung geht derart vor sich, daß jede Quelle je zur Hälfte ihre benachbarte Senke speist und daß in sehr großer Entfernung von der Schlitzreihe, theoretisch im Unendlichen, keine Bewegung stattfindet.

Das zugehörige System der Niveau- und Stromlinien ist, wie aus Gründen der Symmetrie ohne weiteres einzusehen ist, dadurch ausgezeichnet, daß die Symmetralen aller Quellen und Senken, Stromlinien und die Symmetralen zu den Zwischenstrecken Niveaulinien sein müssen. Ersetzt man nun eine solche gerade Stromlinie, z. B. die η-Achse in Abb. 31c, durch eine feste Begrenzung, also die undurchlässige Sohle, auf der der Grundwasserträger ruht, und die benachbarte gerade Niveaulinie durch die Flußsohle, so ist durch den eingeschlossenen Streifen von der Breite T jener Bereich dargestellt, in welchem die Umströmung der Spundwand vor sich geht. Eine Zwischenstrecke stellt demnach die undurchlässige Spundwand und eine Quelle oder Senke den für den Durchfluß freien Querschnitt zwischen dem unteren Spundwandende und dem undurchlässigen Untergrunde dar.

Um den analytischen Ausdruck für die Potential- und Stromfunktion dieses zusammengesetzten Quellen- und Senkensystems zu finden, sind die durch die Gln. (40) und (41) im vorhergehenden Beispiele gegebenen Liniensysteme von der (xy)-Ebene mittels der periodischen Funktion

$$z = \sin \frac{\pi \zeta}{4\,T} \tag{42}$$

auf die $(\xi\,\eta)$-Ebene konform abzubilden, in der die komplexe Größe $\zeta = \xi + i\,\eta$ durch die Koordinaten ξ und η dargestellt wird. Dadurch werden die Niveauhyperbeln der Abb. 25 zu Stromlinien und die Stromellipsen zu Niveaulinien der gesuchten Strömung.

Führt man die Abbildung analytisch durch, setzt also

$$x + i\,y = \sin \frac{\pi(\xi + i\eta)}{4\,T} = \sin \frac{\pi \xi}{4\,T} \operatorname{Cof} \frac{\pi \eta}{4\,T} + i \cos \frac{\pi \xi}{4\,T} \operatorname{Sin} \frac{\pi \eta}{4\,T},$$

so ergibt die Trennung der reellen und imaginären Teile

$$x = \sin \frac{\pi \xi}{4\,T} \operatorname{Cof} \frac{\pi \eta}{4\,T} \quad \text{und} \quad y = \cos \frac{\pi \xi}{4\,T} \operatorname{Sin} \frac{\pi \eta}{4\,T}. \tag{43}$$

Soll im Strömungsbild in der $(\xi\eta)$-Ebene (Abb. 31) die Spundwandtiefe wieder mit t bezeichnet sein, so muß in den Gln. (40) und (41) an Stelle von t der Wert $\sin \frac{\pi\,(T - t)}{4\,T}$ gesetzt werden, denn die in der x-Achse gelegene Strecke von der Länge $2 \sin \frac{\pi\,(T - t)}{4\,T}$ geht dann durch die Abbildung mittels (42) über in Strecken von der Länge $2\,(T - t)$, die in Abständen $4\,T$ auf der ξ-Achse liegen. Berücksichtigt man dies und ersetzt in (40) und (41) x und y durch die vom Abbildungsgesetz vorgeschriebenen Ausdrücke (43), so erhält man zunächst für das Quellensystem allein (Abb. 31a) die implizite Darstellung der Stromfunktion φ_1

$$\left(\frac{\sin \frac{\pi \xi}{4\,T} \operatorname{Cof} \frac{\pi \eta}{4\,T}}{\cos \varphi_1}\right)^2 - \left(\frac{\cos \frac{\pi \xi}{4\,T} \operatorname{Sin} \frac{\pi \eta}{4\,T}}{\sin \varphi_1}\right)^2 = \sin^2 \frac{\pi\,(T - t)}{4\,T} \tag{44}$$

und jene der Niveaufunktion ψ_1

$$\left(\frac{\sin\frac{\pi\xi}{4T}\,\mathfrak{Cos}\,\frac{\pi\eta}{4T}}{\mathfrak{Cos}\,\psi_1}\right)^2+\left(\frac{\cos\frac{\pi\xi}{4T}\,\mathfrak{Sin}\,\frac{\pi\eta}{4T}}{\mathfrak{Sin}\,\psi_1}\right)^2=\sin^2\frac{\pi(T-t)}{4T}. \tag{45}$$

Da nun das gleichzeitig bestehende System der Senken (Abb. 31b) gegenüber jenem der Quellen (Abb. 31a) um die Länge $2T$ in der ξ-Richtung versetzt ist, so hat man nur an Stelle von ξ in den obigen Gleichungen den Wert $\xi + 2T$ zu setzen oder, was bei dem vorliegenden Zusammenhang auf das gleiche hinausläuft, sin mit cos zu vertauschen, um auch für das System der Senken zu den entsprechenden Ausdrücken zu gelangen. Es gilt also für die Stromfunktion φ_2 des Senkensystems

$$\left(\frac{\cos\frac{\pi\xi}{4T}\,\mathfrak{Cos}\,\frac{\pi\eta}{4T}}{\cos\varphi_2}\right)^2-\left(\frac{\sin\frac{\pi\xi}{4T}\,\mathfrak{Sin}\,\frac{\pi\eta}{4T}}{\sin\varphi_2}\right)^2=\sin^2\frac{\pi(T-t)}{4T}. \tag{46}$$

und für die Niveaufunktion ψ_2 des Senkensystems

$$\left(\frac{\cos\frac{\pi\xi}{4T}\,\mathfrak{Cos}\,\frac{\pi\eta}{4T}}{\mathfrak{Cos}\,\psi_2}\right)^2+\left(\frac{\sin\frac{\pi\xi}{4T}\,\mathfrak{Sin}\,\frac{\pi\eta}{4T}}{\mathfrak{Sin}\,\psi_2}\right)^2=\sin^2\frac{\pi(T-t)}{4T}. \tag{47}$$

Um für das zusammengesetzte Quellen- und Senkensystem (Abb. 31c) die Form der Stromfunktion $\varphi_{1,2}$ und jene der Niveaufunktion $\psi_{1,2}$ zu finden, sind die Funktionswerte für die Einzelbewegungen algebraisch zu summieren, wobei die entgegengesetzte Fließrichtung — *aus* der Quelle und *in* die Senke — durch das entgegengesetzte Vorzeichen dieser Werte Berücksichtigung findet. Es ist also $\varphi_{1,2} = \varphi_1 - \varphi_2$ und $\psi_{1,2} = \psi_1 - \psi_2$ zu setzen.

Der Verlauf der diesen Funktionen entsprechenden Liniensysteme ist in der Abb. 31c dargestellt, wo auch die Funktionswerte an den Rändern eingetragen sind.

Bemerkt sei hierzu noch, daß die Niveaufunktion $\psi_{1,2}$ in den Quellen und Senken selbst keinen unveränderlichen Wert besitzt, wie dies bei einer vollkommenen exakten Lösung sein müßte. Die Veränderlichkeit ist aber gering, und man kann, wie FORCHHEIMER[1] nachwies, für Spundwandtiefen $t \geqq \frac{T}{2}$ mit einem mittleren Werte

$$\psi_m = \ln\frac{2\sin\frac{\pi}{4}\left(1-\frac{t}{T}\right)}{1+2\cos\frac{\pi}{4}\left(1-\frac{t}{T}\right)+\sqrt{\cos\frac{\pi}{2}\left(1-\frac{t}{T}\right)}}$$

dieser Funktion längs der Quelle oder Senke rechnen. Es ist somit auch die obige Lösung der Aufgabe vom Standpunkte der Potentialtheorie nur mehr eine Näherungslösung.

[1] Siehe S. 55, Fußnote 1.

Um auch im lotrechten Querschnitt unter der Spundwand zu einem unveränderlichen Wert der Niveaufunktion $\psi_{1,2}$ zu gelangen, kann man diese durch eine Ausgleichsfunktion ψ_a überlagern.[1] Eine solche Funktion muß die Differentialgleichung von LAPLACE (31) befriedigen und überdies derart beschaffen sein, daß sie, gleich der Funktion $\psi_{1,2}$, längs der Flußsohle und im Unendlichen einen unveränderlichen Wert besitzt, und im Querschnitt unter der Wand aber so verläuft, daß die Summe $\psi_{1,2} + \psi_a$ dort konstant ist. Die Darstellung der Ausgleichsfunktion ψ_a erfolgt mit Hilfe FOURIERscher Reihenentwicklung. Das Verfahren ist grundsätzlich auch bei ungleicher Mächtigkeit des Grundwasserträgers zu beiden Seiten der Wand sowie bei Vorhandensein mehrerer Spundwandreihen anwendbar. Seine Durchführung erfordert aber einen bedeutenden Aufwand an Rechenarbeiten, so daß es für praktische Zwecke nicht in Frage kommt.

Bei der Anwendung dieser theoretischen Ergebnisse auf die Lösung der Grundwasseraufgabe ist wieder zu beachten, daß der Durchfluß zwischen zwei Stromlinien durch den Unterschied der Werte der Stromfunktion für die beiden Randstromlinien gegeben ist. Für die gesamte, unter der Spundwand durchströmende Wassermenge kommen als Randstromlinien einerseits die Spundwand selbst und anderseits die untere Begrenzung des Grundwasserträgers in Betracht. Der Unterschied $\Delta\varphi_{1,2}$ der Stromfunktionswerte beträgt, wie aus Abb. 31 entnommen werden kann, $\Delta\varphi_{1,2} = \pi - \frac{\pi}{2} = \frac{\pi}{2}$, entsprechend dem vierten Teil der Menge 2π, welche die ganze Quelle von der Länge $2(T - t)$ nach beiden Seiten abgibt.

Der Potentialunterschied zwischen der Flußsohle und dem Querschnitt unter der Spundwand beträgt $\Delta\psi_{1,2} = \psi_m - 0 = \psi_m$. Dem Durchfluß $\Delta\varphi_{1,2} = \frac{\pi}{2}$, der bei der gedachten Potentialbewegung unter dem Einfluß der Niveaudifferenz $\Delta\psi_{1,2} = \psi_m$ der Quelle entströmt, entspricht bei der Grundwasserbewegung eine sekundliche Wassermenge q, die infolge des Standrohrspiegelunterschiedes $\frac{h_0 - h_u}{2}$ zum Durchfluß kommt. Es gilt daher die Verhältnisgleichung

$$\frac{\pi}{2} : q = \psi_m : \frac{k(h_0 - h_u)}{2},$$

woraus für den Durchfluß die Beziehung

$$q = k(h_0 - h_u)\frac{\pi}{4\psi_m}$$

folgt. Der Formfaktor des Strömungsgebietes beträgt daher $\frac{\pi}{4\psi_m}$. Diese

[1] R. HOFFMANN: Grundwasserströmung unter Wehren. Wasserwirtsch., H. 18 bis 21. Wien. 1934.

Formel ist für verhältnismäßig große Spundwandtiefen, und zwar für $t > \frac{T}{2}$, anwendbar.

Für den Grenzfall $t = \frac{T}{2}$ führt die folgende geometrische Überlegung zu einer sehr einfachen Formel für die Berechnung des Durchflusses. Die Annahme $t = \frac{T}{2}$ setzt voraus, daß die Zwischenstrecken zwischen den Quellen und Senken gleich groß sind wie diese. Aus Gründen der Symmetrie sind dann die Niveau- und Stromliniensysteme kongruent und nur um das Maß T gegeneinander versetzt. Im Flächenstreifen, der dem Grundwasserträger entspricht und der die Breite T aufweist, liegen die Kurvenscharen $\varphi_{1,2}$ und $\psi_{1,2}$ zueinander symmetrisch in bezug auf die Streifenmitte. Es ist daher bei dieser Annahme der Unterschied $\Delta\varphi_{1,2}$ der Stromfunktionswerte an den Randstromlinien gleich dem Niveauunterschied $\Delta\psi_{1,2}$ an den entsprechenden Rändern. Diese Tatsache allein genügt, um für den Sonderfall $t = \frac{T}{2}$ ohne Kenntnis der Funktionen $\varphi_{1,2}$ und $\psi_{1,2}$ die Durchflußformel herzuleiten, denn aus der Verhältnisgleichung

$$\Delta\varphi_{1,2} : q = \Delta\psi_{1,2} : k\,\frac{h_0 - h_u}{2}$$

folgt wegen $\Delta\varphi_{1,2} = \Delta\psi_{1,2}$ die Beziehung

$$q = k\,\frac{h_0 - h_u}{2}.$$

Bei verhältnismäßig geringer Spundwandtiefe, also für $t < \frac{T}{2}$, empfiehlt es sich, die Strom- und Niveaulinien in ihrer Bedeutung zu vertauschen, das heißt die Linien $\psi_{1,2}$ als Strömungslinien und die Linien $\varphi_{1,2}$ als Linien gleichen Standrohrspiegels zu betrachten. Es tritt dann die Spundwand an die Stelle einer Senke oder Quelle und der freie Raum unter der Spundwand fällt mit einer Zwischenstrecke zusammen. Da somit die Spundwandtiefe t identisch wird mit der halben Quellenlänge $T - t$ und diese, damit die Genauigkeit eine hinreichende sei, kleiner oder höchstens gleich $\frac{T}{2}$ sein muß, so liefert die Vertauschung der beiden Kurvensysteme tatsächlich die gesuchte Lösung.

Der Durchflußmenge q entspricht dann der Unterschied ψ_m der Stromfunktionswerte und der k-fachen Standrohrspiegeldifferenz $\frac{h_0 - h_u}{2}$ entspricht der Niveauunterschied $\frac{\pi}{2}$. Für Spundwandtiefen $t < \frac{T}{2}$ folgt daher aus der Verhältnisgleichung

$$q : \psi_m = k\,\frac{h_0 - h_u}{2} : \frac{\pi}{2}$$

für den Durchfluß die Beziehung

$$q = k\,(h_0 - h_u)\,\frac{\psi_m}{\pi}.$$

Der Formfaktor des Bereiches ist also $\frac{\psi_m}{\pi}$. Weil das Strömungsbild bei dieser Spundwandumströmung nur vom Verhältnis $t:T$ bestimmt wird, ist auch der Formfaktor nur von dieser Verhältniszahl abhängig. Die Abb. 32 zeigt diese Abhängigkeit und ermöglicht für jede durch die Werte $\left(\frac{t}{T}\right)$, k und $(h_0 - h_u)$ gekennzeichnete Anordnung die Berechnung des Durchflusses.

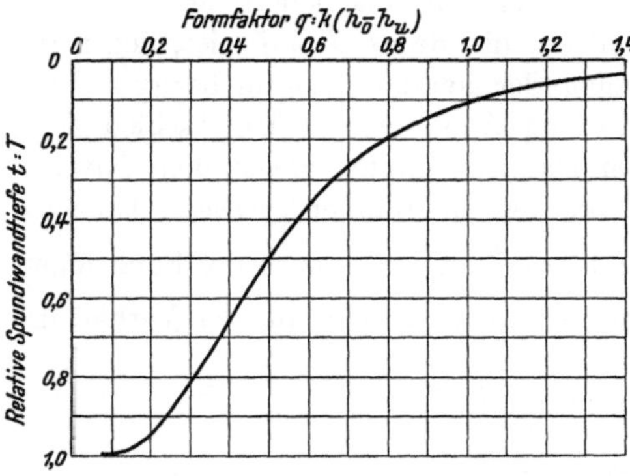

Abb. 32. Schaubild zur Bestimmung des Durchflusses unter einer Spundwand.

Der in dieser graphischen Darstellung gegebene Zusammenhang zwischen der relativen Spundwandtiefe und dem Formfaktor läßt sich mit hinreichender Genauigkeit auch durch die Interpolationsformel[1]

$$q = \frac{k\,(h_0 - h_u)}{2}\sqrt[3]{\frac{T}{t} - 1} \quad (48)$$

ausdrücken. Hierin sind, wie bisher stets vorausgesetzt, der Durchfluß in der Schichtdicke eins in m²/sek, die Durchlässigkeit in m/sek und der Unterschied in den Wasserspiegelhöhen in m einzusetzen.

Was die Verteilung der Filtergeschwindigkeiten bei dieser Grundwasserströmung anlangt, so können Größe und Richtung der Geschwindigkeit für jeden beliebigen Punkt des Bereiches aus der Niveau- oder Stromfunktion durch Differentiation hergeleitet werden. Für die ebene Potentialbewegung würde sich somit die Geschwindigkeit in der ξ-Richtung bestimmen lassen aus $\bar{u} = \frac{\partial \psi_{1,2}}{\partial \xi} = -\frac{\partial \varphi_{1,2}}{\partial \eta}$ und jene in der η-Richtung aus $\bar{v} = \frac{\partial \psi_{1,2}}{\partial \eta} = \frac{\partial \varphi_{1,2}}{\partial \xi}$.

Beim Übergang auf die Filtergeschwindigkeit des Grundwassers sind die obigen Werte für $\bar{u}$ und $\bar{v}$ noch zu multiplizieren mit dem Verhältnis des k-fachen Wasserspiegelunterschiedes bei der Grundwasserbewegung zum Niveauunterschied bei der Potentialbewegung, so daß für die Filtergeschwindigkeit schließlich die Gleichungen

$$u = \frac{k\,(h_0 - h_u)}{2\,\psi_m}\,.\,\bar{u} \quad \text{und} \quad v = \frac{k\,(h_0 - h_u)}{2\,\psi_m}\,.\,\bar{v}$$

gelten.

[1] K. Terzaghi: Vorlesungsmanuskript.

Die Ausdrücke für $\bar{u}$ und $\bar{v}$ sind wegen ihrer komplizierten Form praktisch nicht brauchbar und werden daher hier nicht angeschrieben. Dagegen lassen sich für den Geschwindigkeitsverlauf längs charakteristischer Linien, wie die Flußsohle, die Spundwand, den lotrechten Querschnitt unter der Spundwand und die untere Begrenzung des Grundwasserträgers, einfachere Gleichungen ableiten, so daß hiermit ohne besondere Rechenarbeit die Geschwindigkeitsverteilung wenigstens in großen Umrissen festgelegt werden kann.

Die Herleitung dieser Gleichungen kann grundsätzlich in derselben Art durchgeführt werden, wie dies bei der Spundwandumströmung im unendlich tiefen Grundwasserträger erfolgte. So ergibt sich beispielsweise für den Verlauf der Ein- oder Ausströmgeschwindigkeit längs der Flußsohle bei $t < \frac{T}{2}$ der Zusammenhang

$$u_1 = \frac{k\,(h_0 - h_u)}{T} \left\{ \frac{\operatorname{Cof} \frac{\pi\eta}{4T}}{4\sqrt{\operatorname{Sin}^2 \frac{\pi\eta}{4T} + \sin^2 \frac{\pi t}{4T}}} - \frac{\operatorname{Sin} \frac{\pi\eta}{4T}}{4\sqrt{\operatorname{Cof}^2 \frac{\pi\eta}{4T} - \sin^2 \frac{\pi t}{4T}}} \right\} \tag{49}$$

oder allgemein

$$u_1 = \frac{k\,(h_0 - h_u)}{T} \, . \, F\left[\left(\frac{t}{T}\right), \left(\frac{\eta}{T}\right)\right].$$

Die Funktionswerte F sind für die Randgeschwindigkeiten gerechnet und in den folgenden Tabellen zusammengestellt. Damit ist der Verlauf der Randgeschwindigkeiten und indirekt auch jener der Strom- und Niveaufunktion am Rande einfach darstellbar. Durch Verwendung

Ein- oder Ausströmgeschwindigkeit längs der Flußsohle:

$$u_1 = \frac{k\,(h_0 - h_u)}{T} \, . \, F\left(\frac{t}{T}, \frac{\eta}{T}\right).$$

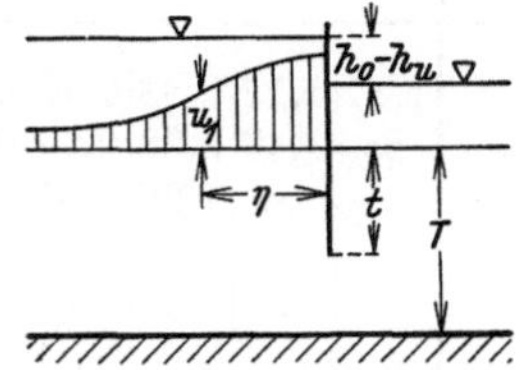

$\frac{t}{T}$ \ $\frac{\eta}{T}$	0	0,2	0,4	0,6	0,8	1,0	2,0	3,0
0,1	3,200	1,390	0,724	0,455	0,308	0,216	0,043	0,008
0,2	1,600	1,047	0,662	0,431	0,298	0,210	0,042	0,008
0,3	1,075	0,860	0,586	0,403	0,283	0,203	0,040	0,008
0,4	0,810	0,687	0,511	0,377	0,263	0,192	0,039	0,008
0,5	0,640	0,554	0,432	0,334	0,237	0,180	0,037	0,008
0,6	0,488	0,450	0,330	0,250	0,210	0,165	0,035	0,008
0,7	0,394	0,355	0,280	0,230	0,188	0,144	0,031	0,007
0,8	0,316	0,290	0,245	0,200	0,164	0,125	0,027	0,006
0,9	0,243	0,240	0,228	0,190	0,144	0,100	0,020	0,004

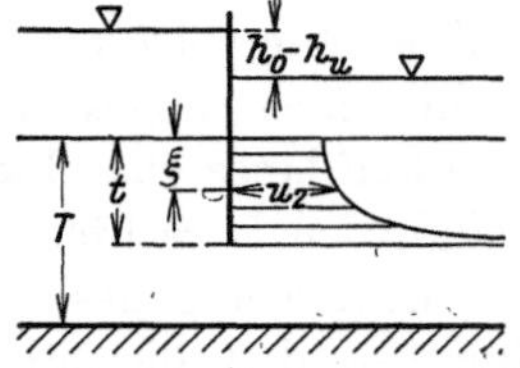

Geschwindigkeit längs der Spundwand:

$$u_2 = \frac{k\,(h_0 - h_u)}{T} \,.\, F\left(\frac{t}{T}, \frac{\xi}{T}\right).$$

$\frac{t}{T}$ \ $\frac{\xi}{T}$	0,00	0,05	0,10	0,15	0,20	0,25	0,30	0,35	0,40	0,45	0,50	0,55	0,60	0,65	0,70	0,75	0,80
0,1	3,20	3,68	∞	·	·	·	·	·	·	·	·	·	·	·	·	·	·
0,2	1,60	1,65	1,85	2,42	∞	·	·	·	·	·	·	·	·	·	·	·	·
0,3	1,08	1,09	1,13	1,23	1,43	1,92	∞	·	·	·	·	·	·	·	·	·	·
0,4	0,81	0,82	0,84	0,87	0,93	1,02	1,20	1,62	∞	·	·	·	·	·	·	·	·
0,5	0,64	0,64	0,65	0,67	0,69	0,73	0,80	0,90	1,07	1,44	∞	·	·	·	·	·	·
0,6	0,49	0,49	0,50	0,51	0,53	0,56	0,59	0,64	0,71	0,81	1,00	·	∞	·	·	·	·
0,7	0,39	0,39	0,40	0,41	0,42	0,43	0,46	0,49	0,53	0,58	0,65	0,77	0,94	·	∞	·	·
0,8	0,32	0,32	0,32	0,33	0,33	0,34	0,36	0,38	0,40	0,44	0,48	0,53	0,61	0,73	0,91	·	∞
0,9	0,24	0,24	0,24	0,25	0,26	0,27	0,28	0,29	0,31	0,33	0,35	0,38	0,43	0,49	0,57	0,69	0,91

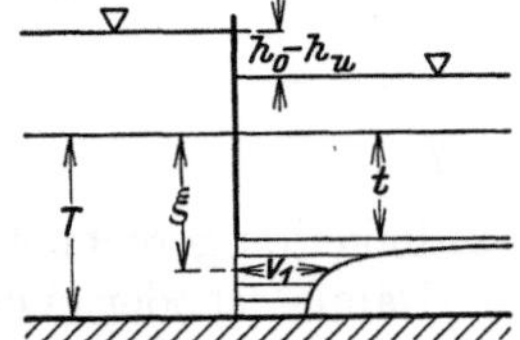

Geschwindigkeit im Querschnitt unter der Wand:

$$v_1 = \frac{k\,(h_0 - h_u)}{T} \,.\, F\left(\frac{t}{T}, \frac{\xi}{T}\right).$$

$\frac{t}{T}$ \ $\frac{\xi}{T}$	0,2	0,3	0,4	0,5	0,55	0,60	0,65	0,70	0,75	0,80	0,85	0,90	0,95	1,00
0,1	1,87	1,17	0,88	0,73	0,67	0,63	0,60	0,57	0,55	0,53	0,52	0,51	0,50	0,50
0,2	∞	1,47	0,98	0,77	0,71	0,66	0,62	0,59	0,56	0,54	0,53	0,52	0,51	0,51
0,3	.	∞	1,26	0,87	0,77	0,71	0,66	0,62	0,59	0,56	0,55	0,54	0,53	0,52
0,4	.	.	∞	1,12	0,92	0,81	0,75	0,69	0,64	0,61	0,59	0,58	0,57	0,56
0,5	.	.	.	∞	1,47	1,07	0,90	0,80	0,74	0,69	0,66	0,64	0,63	0,63
0,6	.	.	.	.	.	∞	1,43	1,06	0,91	0,82	0,76	0,72	0,71	0,71
0,7	.	.	.	.	.	.	.	∞	1,43	1,07	0,92	0,84	0,81	0,80
0,8	.	.	.	.	.	.	.	.	.	∞	1,50	1,14	1,02	0,99
0,9	.	.	.	.	.	.	.	.	.	.	.	∞	1,79	1,56

dieser Randwerte kann die zeichnerische Bestimmung der Strömungsbilder sehr vereinfacht werden.[1]

Von den Geschwindigkeiten am Rande des Strömungsbereiches ist besonders die Ausströmgeschwindigkeit längs der Flußsohle von praktischer Bedeutung, weil dort bei Überschreiten des kritischen Wertes die Gefahr eines Grundbruches besteht. Der größte Wert dieser Geschwindig-

[1] Siehe S. 127.

Geschwindigkeit längs der undurchlässigen Schicht:

$$v_2 = \frac{k\,(h_0 - h_u)}{T} \cdot F\left(\frac{t}{T}, \frac{\eta}{T}\right).$$

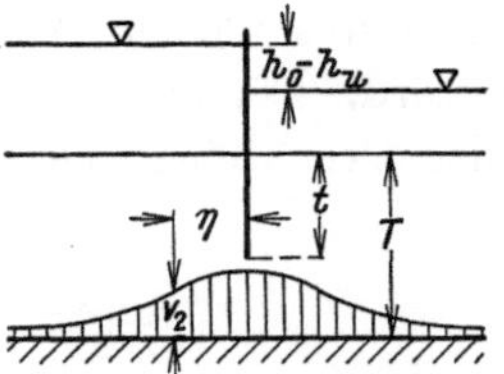

$\frac{t}{T}$ \ $\frac{\eta}{T}$	0,0	0,2	0,4	0,6	0,8	1,0	2,0	3,0
0,1	0,495	0,495	0,468	0,391	0,296	0,206	0,042	0,009
0,2	0,515	0,466	0,394	0,321	0,264	0,201	0,042	0,009
0,3	0,523	0,475	0,375	0,308	0,252	0,193	0,042	0,009
0,4	0,565	0,513	0,375	0,295	0,239	0,188	0,040	0,008
0,5	0,630	0,565	0,421	0,325	0,240	0,181	0,037	0,008
0,6	0,705	0,602	0,448	0,331	0,230	0,168	0,034	0,007
0,7	0,800	0,650	0,438	0,301	0,211	0,152	0,030	0,006
0,8	0,991	0,678	0,409	0,267	0,184	0,130	0,026	0,005
0,9	1,555	0,674	0,350	0,221	0,149	0,104	0,021	0,004

keit liegt unmittelbar neben der Wand und läßt sich beispielsweise für $t < \frac{T}{2}$ aus Gl. (49) berechnen, wenn dort $\eta = 0$ gesetzt wird. Es ist dann

$$u^{1\,\max} = \frac{k\,(h_0 - h_u)}{4\,T \sin \frac{\pi t}{4\,T}}.$$

Soll die kritische Geschwindigkeit $u_{1k} = k$ nicht erreicht werden, dann muß die Bedingung

$$\frac{h_0 - h_u}{T} < 4 \sin \frac{\pi t}{4\,T} \qquad \text{oder ungefähr} \qquad \frac{h_0 - h_u}{t} < 3$$

erfüllt sein.

Der Druckverlauf längs der umströmten Spundwand könnte aus dem Verlauf der Niveaufunktion grundsätzlich in der gleichen Weise bestimmt werden wie bei der Spundwand im unendlich tiefen Grundwasserträger. Einfacher und praktisch genau genug ist die Druckverteilung durch Verwendung der in der Tabelle gegebenen Werte für den Verlauf der Geschwindigkeit u_2 bestimmbar. Mit den dort eingetragenen Bezeichnungen gilt für die Ober- bzw. Unterwasserseite der Spundwand $u_2 = \mp k \cdot \frac{dh}{d\xi}$ und daher

$$h = h_0 - \frac{1}{k} \int_0^\xi u_2\, d\xi \qquad \text{bzw.} \qquad h = h_u + \frac{1}{k} \int_0^\xi u_2\, d\xi,$$

wenn die Flußsohle zur Vergleichsebene für die Standrohrspiegelhöhen gewählt wird. Für einen Punkt in der Tiefe ξ beträgt daher der Unterschied der Druckhöhen zu beiden Seiten der Wand

$$\varDelta\left(\frac{p}{\gamma}\right) = h_0 - h_u - \frac{2}{k}\int\limits_0^{\xi} u_2\, d\xi.$$

Der Wert des Integrals kann aus dem Verlauf der Summenlinie zur Geschwindigkeitsverteilung längs der Wand graphisch bestimmt werden.

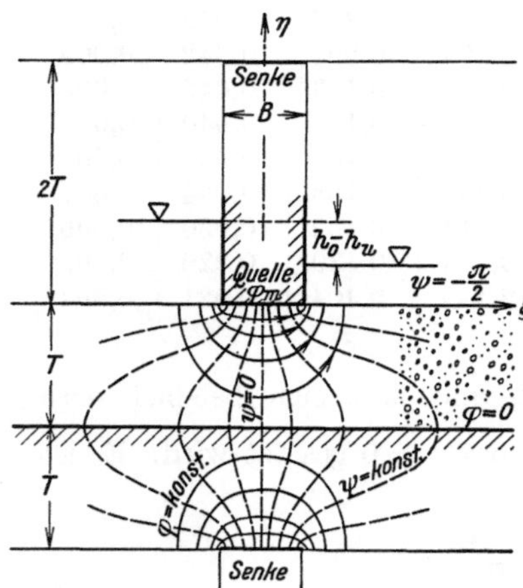

Abb. 33. Strömung unter einer waagrechten Platte.

Strömung unter einer Platte bei beliebiger Mächtigkeit des Grundwasserträgers.

Auf durchlässigem Boden von der Mächtigkeit T (Abb. 33) sei ein Bauwerk mit einer ebenen Gründungssohle von der Breite B errichtet, und es liege die Aufgabe vor, den durch den Wasserspiegelunterschied $h_0 - h_u$ verursachten Durchfluß unter der Platte und das zugehörige Strömungsbild zu bestimmen. Vorausgesetzt sei eine bedeutende Längenerstreckung des Bauwerkes, sodaß für den mittleren Abschnitt eine Filterbewegung in zueinander parallelen, lotrechten Ebenen angenommen werden kann.

Zur Lösung dieser Aufgabe ist wieder jene ebene Potentialbewegung zu verwenden, die den Randbedingungen der Aufgabe vollständig oder wenigstens soweit entspricht, daß die Übertragung der Schlußfolgerungen von der Potentialbewegung auf die Grundwasserströmung noch zulässig ist. Die Randbedingungen können aus Abb. 33 abgelesen werden und sind folgende: Gründungsplatte und untere Begrenzung der durchlässigen Schicht müssen Stromlinien, und die freie Flußsohle sowie der lotrechte Querschnitt unter Plattenmitte müssen Niveaulinien sein. Dieser Bedingung genügt mit hinreichender Genauigkeit ein System streckenförmiger Quellen oder Senken, die abwechselnd und im gegenseitigen Abstande $2\,T$ in einem Parallelstreifen von der Breite B angeordnet sind.[1] Der analytische Ausdruck für die Niveau- und Stromlinien der so entstehenden ebenen Potentialbewegung ist durch konforme Abbildung der zum Einzelschlitz in der (xy)-Ebene (Abb. 25) gehörigen Kurven-

[1] Siehe S. 55, Fußnote 1.

scharen (40) und (41) auf die $(\xi\eta)$-Ebene (Abb. 33) mittels der Funktion

$$z = \mathfrak{Sin}\,\frac{\pi\xi}{4T}$$

zu finden.

Die Durchführung der hierbei erforderlichen Rechenoperationen sowie die Übertragung der theoretischen Ergebnisse auf die Grundwasserströmung erfolgt nach denselben Gesichtspunkten wie beim vorhergehenden Beispiel. Die Stromlinien der Potentialbewegung sind dabei als die Linien gleichen Standrohrspiegels und die Niveaulinien der Potentialbewegung als die Stromlinien der Grundwasserströmung zu betrachten. Hier seien bloß die Endergebnisse in einer für die praktische Anwendung weit vereinfachten, aber immer noch hinreichend genauen Form mitgeteilt. Es beträgt in der Längeneinheit des Bauwerkes die Durchflußmenge

bei $B < T$ $$q = k\,(h_0 - h_u)\,0{,}73 \log \frac{13 + \left(\frac{B}{T}\right)^2}{2{,}54\left(\frac{B}{T}\right)}$$

und bei $B > T$ $$q = k\,(h_0 - h_u)\,\frac{1}{0{,}88 + \frac{B}{T}}. \tag{50}$$

Bezüglich der Geschwindigkeitsverteilung an den Rändern des Strömungsbereiches wird auf die folgenden Tabellen verwiesen.

Ein- oder Ausström-
geschwindigkeit längs der Flußsohle:

$$v_1 = \frac{k\,(h_0 - h_u)}{T} . F\left(\frac{B}{T}, \frac{2\xi - B}{2T}\right).$$

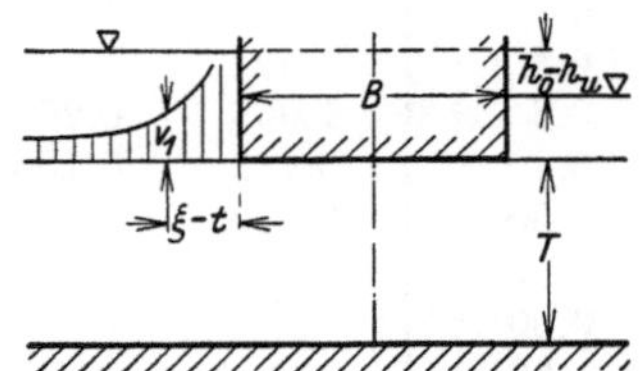

$\frac{B}{T}$ \ $\frac{2\xi-B}{2T}$	0,1	0,2	0,5	1,0	2,0
0,2	1,81	1,08	0,468	0,182	0,038
0,4	1,36	0,870	0,395	0,160	0,032
0,6	1,17	0,740	0,345	0,142	0,030
0,8	1,01	0,650	0,305	0,125	0,026
1,0	0,910	0,580	0,275	0,112	0,022
2,0	0,594	0,379	0,180	0,073	0,014
3,0	0,441	0,281	0,133	0,054	0,011
4,0	0,350	0,224	0,106	0,043	0,009
5,0	0,291	0,185	0,088	0,036	0,007

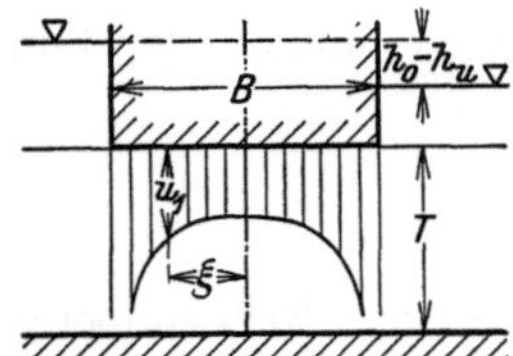

Geschwindigkeit längs der Platte:

$$u_1 = \frac{k\,(h_0 - h_u)}{T} \, . \, F\left(\frac{B}{T}, \frac{2\,\xi}{B}\right).$$

$\frac{B}{T}$ \ $\frac{2\,\xi}{B}$	0,0	0,2	0,4	0,6	0,8	0,9
0,2	3,18	3,25	3,50	4,05	5,29	7,31
0,5	1,27	1,29	1,38	1,60	2,14	2,90
1,0	0,62	0,63	0,68	0,79	1,07	1,48
2,0	0,348	0,348	0,348	0,402	0,530	0,700
5,0	0,171	0,171	0,171	0,171	0,171	0,230

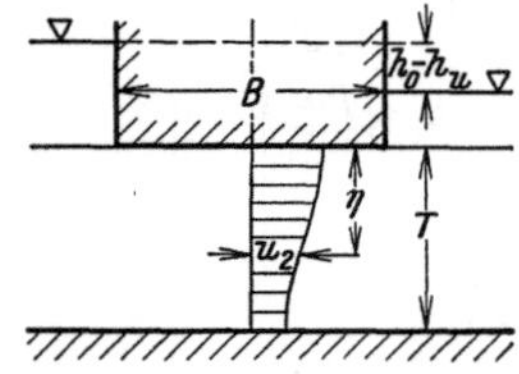

Geschwindigkeit im Querschnitt unter Plattenmitte:

$$u_2 = \frac{k\,(h_0 - h_u)}{T} \, . \, F\left(\frac{B}{T}, \frac{\eta}{T}\right).$$

$\frac{B}{T}$ \ $\frac{\eta}{T}$	0	0,2	0,4	0,6	0,8	1,0
0,2	3,18	1,45	0,828	0,610	0,521	0,498
0,4	1,59	1,15	0,765	0,588	0,510	0,488
0,6	1,05	0,90	0,685	0,557	0,490	0,473
0,8	0,785	0,735	0,611	0,522	0,471	0,455
1,00	0,620	0,607	0,543	0,484	0,445	0,435
2,00	0,348					
3,00	0,258					
4,00	0,206					
5,00	0,171					

Der größte Wert der Filtergeschwindigkeit tritt am Plattenende auf und ist rechnungsmäßig unendlich groß. Die Gefahr eines Grundbruches ist bei einer solchen Anordnung sicherlich sehr groß, doch kann sie zahlenmäßig nicht beurteilt werden, weil die auf Grund des Darcygesetzes errechnete Geschwindigkeitsverteilung in der Umgebung des Plattenrandes wegen der Wirkung der Trägheitskräfte nicht mehr zutrifft.

Die Druckverteilung längs der Platte kann, wie die Abb. 34 zeigt, aus dem Verlauf der Geschwindigkeit u_1 zeichnerisch bestimmt werden.

Taucht die Gründungsplatte um das Maß t in die durchlässige Schicht von der Mächtigkeit T ein (Abb. 35), dann entsteht ein Strömungsbild,

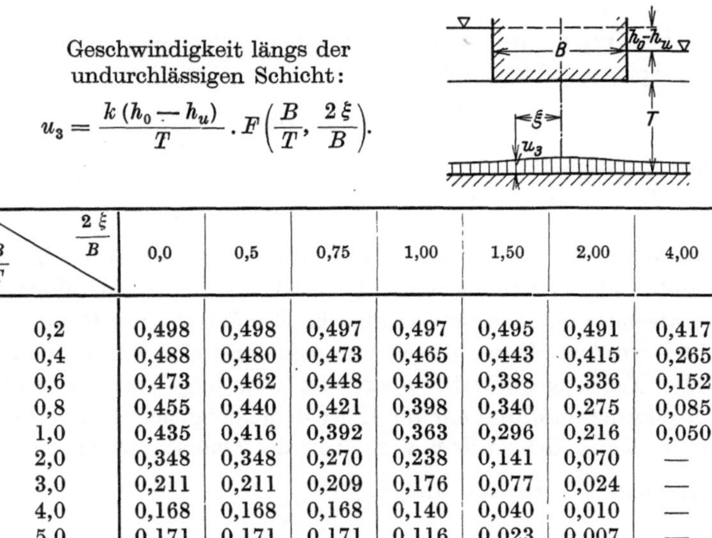

Geschwindigkeit längs der undurchlässigen Schicht:

$$u_3 = \frac{k\,(h_0 - h_u)}{T} \cdot F\left(\frac{B}{T}, \frac{2\,\xi}{B}\right).$$

$\frac{B}{T}$ \ $\frac{2\xi}{B}$	0,0	0,5	0,75	1,00	1,50	2,00	4,00
0,2	0,498	0,498	0,497	0,497	0,495	0,491	0,417
0,4	0,488	0,480	0,473	0,465	0,443	0,415	0,265
0,6	0,473	0,462	0,448	0,430	0,388	0,336	0,152
0,8	0,455	0,440	0,421	0,398	0,340	0,275	0,085
1,0	0,435	0,416	0,392	0,363	0,296	0,216	0,050
2,0	0,348	0,348	0,270	0,238	0,141	0,070	—
3,0	0,211	0,211	0,209	0,176	0,077	0,024	—
4,0	0,168	0,168	0,168	0,140	0,040	0,010	—
5,0	0,171	0,171	0,171	0,116	0,023	0,007	—

für dessen genaue analytische Darstellung umfangreiche Rechenarbeiten erforderlich sind. Es empfiehlt sich daher, bei diesem und ähnlich gestalteten Strömungsgebieten von den graphischen oder versuchstech-

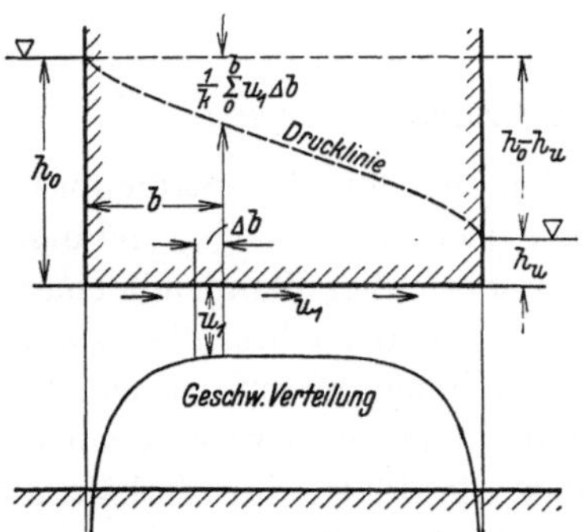

Abb. 34. Geschwindigkeit und Druck längs einer umströmten Platte.

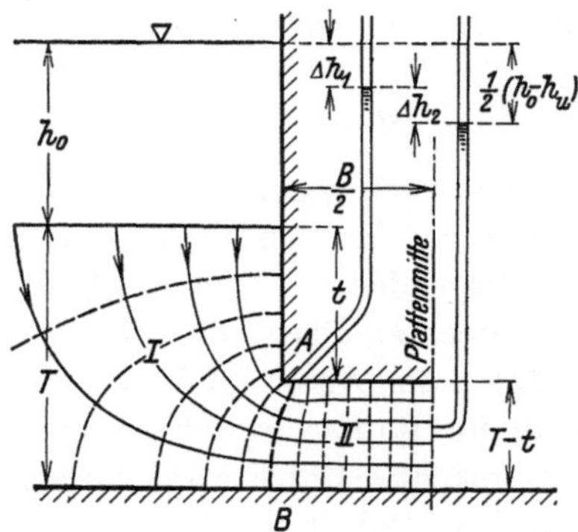

Abb. 35. Strömung unter einem prismatischen Gründungskörper.

nischen Näherungsverfahren[1] Gebrauch zu machen. Soll nur der Durchfluß unter einer solchen Platte bestimmt werden, dann kann aus den bisherigen Ergebnissen eine Näherungsformel hierfür aufgestellt werden. Zerlegt man den auf einer Seite der Symmetrieachse gelegenen Bereich

[1] Siehe S. 111f.

durch die Niveaulinie AB in die zwei Teilgebiete I und II mit den Formfaktoren f_1 und f_2, dann sind die diesen beiden Teilgebieten entsprechenden Standrohrspiegelgefälle zufolge (36)

$$\Delta h_1 = \frac{q}{k \cdot f_1} \quad \text{und} \quad \Delta h_2 = \frac{q}{k \cdot f_2}$$

und ihre Summe ist

$$\Delta h_1 + \Delta h_2 = \frac{h_0 - h_u}{2} = \frac{q}{k}\left(\frac{1}{f_1} + \frac{1}{f_2}\right). \tag{51}$$

Das Strömungsbild im Teilbereich I ist aber jenem sehr ähnlich, das bei der Spundwandumströmung entsteht, und die Strömung im Teilbereich II kann ersatzweise als Parallelbewegung in Streifen von der Breite $(T - t)$ betrachtet werden. Unter dieser Voraussetzung sind die Formfaktoren der beiden Teilbereiche bestimmbar, und zwar folgt jener für I aus der Näherungsformel (48) und der für II ist ungefähr gleich dem eines rechteckigen Bereiches, das ist dem Verhältnis der Querschnittsbreite $(T - t)$ zur Fließlänge $\frac{B}{2}$. Es sind also

$$f_1 = \sqrt[3]{\frac{T-t}{t}} \quad \text{und} \quad f_2 = \frac{2\,(T-t)}{B}.$$

Führt man diese Werte in (51) ein, so gelangt man zur Näherungsformel

$$q = \left(k\,\frac{h_0 - h_u}{2}\right) : \left(\sqrt[3]{\frac{t}{T-t}} + \frac{B}{2\,(T-t)}\right)$$

für die Berechnung des Durchflusses.

Strömung unter zusammengesetzten Gründungskörpern.

Die vorangehenden Beispiele beschäftigten sich mit den Strömungsvorgängen bei den einfachsten Formen einer Tief- bzw. Flachgründung. Im folgenden wird für die Verbindung einer lotrechten Wand mit einer waagrechten Platte das Strömungsbild ermittelt und im besonderen der Einfluß der Wand auf die Geschwindigkeitsverteilung und auf den Durchfluß im Raume zwischen der Platte und der undurchlässigen Schicht untersucht. Dabei wird vorausgesetzt, daß die Platte im Verhältnis zur Mächtigkeit des Grundwasserträgers so lang ist, daß sich ohne die Wand im mittleren Abschnitte nahezu eine gleichförmige Parallelströmung einstellen müßte. Es kommt demnach darauf an, jene Störung zu untersuchen, die diese Parallelströmung durch die eintauchende Wand erfährt.

Beachtet man die Randbedingungen dieser Grundwasserbewegung — die Platte, die Wand und die undurchlässige Schicht müssen Stromlinien und der Querschnitt unter der Wand muß bei symmetrischer Anordnung eine Linie gleichen Standrohrspiegels sein —, so erkennt man,[1]

[1] Siehe S. 55, Fußnote 1.

daß diese Bedingungen von jener ebenen Potentialbewegung erfüllt werden, die bei Vorhandensein einer in einer Geraden angeordneten, unendlichen Reihe von Schlitzen (Quellen *oder* Senken) entstehen muß (Abb. 31a oder b). Hierfür wurden bereits S. 63 bis 65 die Gln. (44) bis (47) gefunden, durch welche die Strom- und Niveauliniensysteme festgelegt sind. Eine halbe Quelle oder Senke stellt den freien Durchflußquerschnitt unter der Wand dar und der halbe Zwischenraum zwischen je zwei Quellen oder Senken ist als die lotrechte Wand zu betrachten. Für die Niveaufunktion gilt demnach die Gl. (45) oder (47), worin an Stelle von $2T$ der Wert T und an Stelle von t der Wert $t - \frac{T}{2}$ zu setzen ist, wenn wieder die Mächtigkeit des Grundwasserträgers mit T und die Tauchtiefe der Wand mit t bezeichnet werden soll. Unter dieser Voraussetzung ist

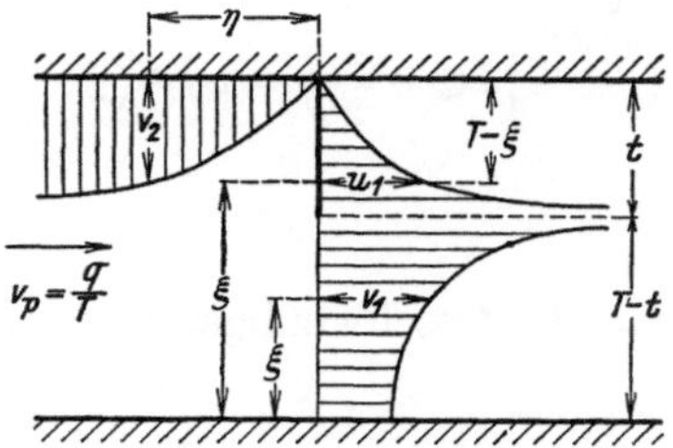

Abb. 36. Verlauf der Randgeschwindigkeiten.

$$\left(\frac{\sin\frac{\pi\xi}{2T}\operatorname{Cof}\frac{\pi\eta}{2T}}{\operatorname{Cof}\psi_1}\right)^2+\left(\frac{\cos\frac{\pi\xi}{2T}\operatorname{Sin}\frac{\pi\eta}{2T}}{\operatorname{Sin}\psi_1}\right)= \\ =\sin^2\frac{\pi(T-t)}{2T}$$

der analytische Ausdruck für die Niveaufunktion ψ_1. Hiermit kann nachgewiesen werden, daß der Niveauunterschied zwischen dem Querschnitt unter der Wand und einem in großer Entfernung η gelegenen Querschnitt gleich ist

$$\Delta\psi_1=\frac{\pi\eta}{2T}-\ln\sin\frac{\pi}{2}\left(\frac{T-t}{t}\right). \tag{52}$$

Unter dem Einfluß dieses Niveauunterschiedes müßte ein Durchfluß erfolgen, der gleich ist dem Unterschiede der Stromfunktionswerte an den Rändern. Dieser Unterschied beträgt aber $\frac{\pi}{2}$, so daß für den Übergang von der Potential- zur Grundwasserbewegung die Verhältnisgleichung

$$q:\frac{\pi}{2}=k\left(\frac{h_0-h_u}{2}\right):\left(\frac{\pi\eta}{2T}-\ln\sin\frac{\pi}{2}\,\frac{T-t}{T}\right) \tag{53}$$

besteht. Hieraus folgt für den Durchfluß

$$q=\frac{\pi k\,(h_0-h_u)}{4\left(\frac{\pi\eta}{2T}-\ln\sin\frac{\pi}{2}\,\frac{T-t}{T}\right)}.$$

Der Geschwindigkeitsverlauf längs der Gebietsränder und im lotrechten Querschnitt unter der Wand (Abb. 36), kann wieder nach dem üblichen Verfahren berechnet werden. Dabei empfiehlt es sich, diese Randgeschwindigkeiten auf die Geschwindigkeit $v_p=\frac{q}{T}$ jener gleichförmigen Parallelbewegung zu beziehen, die sich beim Durchfluß der Wassermenge q nach (53) im Streifen zwischen der Platte und der undurchlässigen Schicht einstellen müßte, wenn die Wand nicht vorhanden wäre. Die folgenden Tabellen geben das Verhältnis der Randgeschwindigkeiten zur Geschwindigkeit v_p, und zwar ist mit den Bezeichnungen in Abb. 36 für die Geschwindigkeit v_2 längs der Platte

$$\frac{v_2}{v_p} = \frac{\mathfrak{Sin}\,\frac{\pi\eta}{2T}}{\sqrt{\mathfrak{Cos}^2\frac{\pi\eta}{2T} - \cos^2\frac{\pi t}{2T}}}$$

$\frac{t}{T}$ \ $\frac{\eta}{T}$	0	0,1	0,2	0,5	1,0	2,0
0,2	0	0,460	0,719	0,940	0,994	1
0,4	0	0,260	0,476	0,828	0,970	1
0,6	0	0,191	0,366	0,731	0,945	1
0,8	0	0,163	0,319	0,674	0,926	1

für die Geschwindigkeit u_1 längs der Wand

$$\frac{u_1}{v_p} = \frac{\cos\frac{\pi\xi}{2T}}{\sqrt{\sin^2\frac{\pi\xi}{2T} - \cos^2\frac{\pi t}{2T}}}$$

$\frac{t}{T}$ \ $\frac{T-\xi}{t}$	0	0,2	0,4	0,6	0,8	0,9
0,2	0	0,211	0,446	0,781	1,37	2,13
0,4	0	0,218	0,468	0,805	1,43	2,23
0,6	0	0,238	0,511	0,887	1,59	2,48
0,8	0	0,271	0,589	1,040	1,93	3,08

und für die Geschwindigkeit v_1 im Querschnitt unter der Wand

$$\frac{v_1}{v_p} = \frac{\cos\frac{\pi\xi}{2T}}{\sqrt{\cos^2\frac{\pi t}{2T} - \sin^2\frac{\pi\xi}{2T}}}$$

$\frac{t}{T}$ \ $\frac{\xi}{T-t}$	0	0,2	0,4	0,6	0,8	0,9
0,2	1,05	1,05	1,06	1,10	1,22	1,71
0,4	1,24	1,25	1,29	1,39	1,69	2,17
0,6	1,71	1,73	1,82	2,03	2,60	3,48
0,8	3,25	3,30	3,53	4,01	5,31	7,26

Der durch die Spundwand *allein* verursachte Gefälleverlust ergibt sich aus dem Vergleich des Gefälleverlaufes ohne und mit Wand (Abb. 37). Ohne die Wand würde sich eine gleichförmige Parallelströmung einstellen, die im Abschnitt von der Länge η einen Niveauverlust $\frac{\pi\eta}{2T}$ zur Folge hätte. Bei eingebauter Wand beträgt aber zufolge (52) der Niveauunterschied $\frac{\pi\eta}{2T} - \ln\sin\frac{\pi}{2}\,\frac{T-t}{T}$, so daß die Wand allein einen Niveauabfall von der Größe $\ln\sin\frac{\pi}{2}\,\frac{T-t}{T}$ bedingt. Für den Durchfluß q an

Stelle $\frac{\pi}{2}$ und die Durchlässigkeit k ergibt sich somit der von der Wand, und zwar zu beiden Seiten derselben, verursachte Standrohrspiegelabfall Δh_3 dem Betrage nach aus der Verhältnisgleichung

$$q : \frac{\pi}{2} = \frac{k \cdot \Delta h_3}{2} : \ln \sin \frac{\pi}{2} \frac{T-t}{T}$$

und ist daher gleich

$$\Delta h_3 = \frac{4\,q}{\pi\,k} \ln \sin \frac{\pi}{2} \frac{T-t}{T}. \quad (54)$$

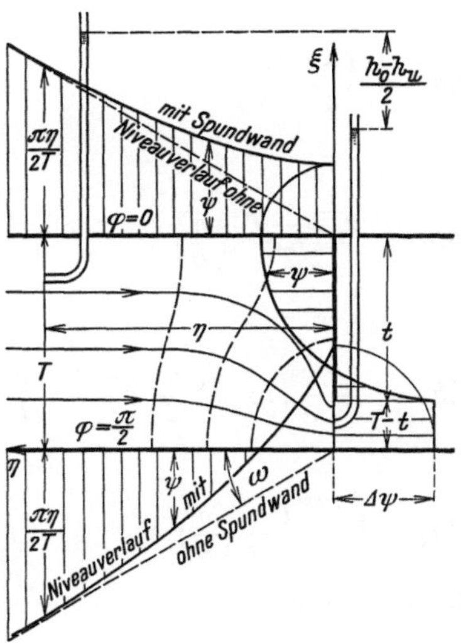

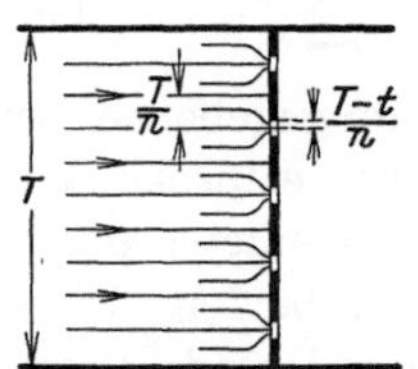

Abb. 37. Niveauverlauf längs der Ränder.

Wie durchgerechnete Beispiele gezeigt haben, beträgt dieser Anteil nur wenige Prozente des Gesamtgefälles, das zum überwiegenden Teil durch die Parallelströmung in dem voraussetzungsgemäß sehr langen Streifen zwischen der Platte und der undurchlässigen Schicht verbraucht wird.

Bei geringerer Länge der Platte im Verhältnis zur Tiefe des Grundwasserträgers ist außer dem von der Umströmung der lotrechten Wand herrührenden Gefällsverlust auch jener beim Eintritt unter die Platte zu berücksichtigen. Das Gesamtgefälle $h_0 - h_u$ für die in Abb. 38a dargestellte Anordnung kann dann näherungsweise in die folgenden vier Abschnitte unterteilt werden:

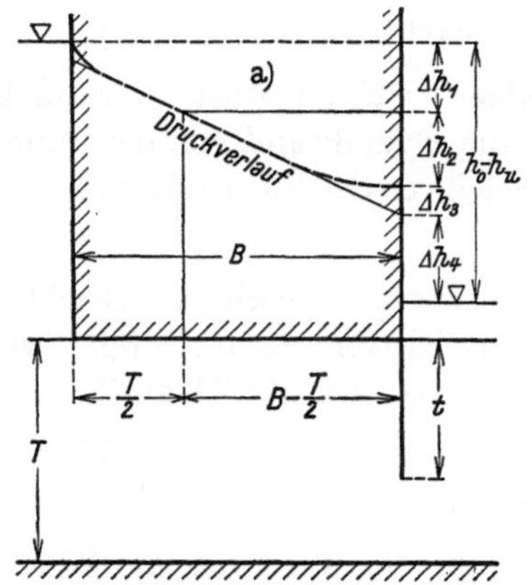

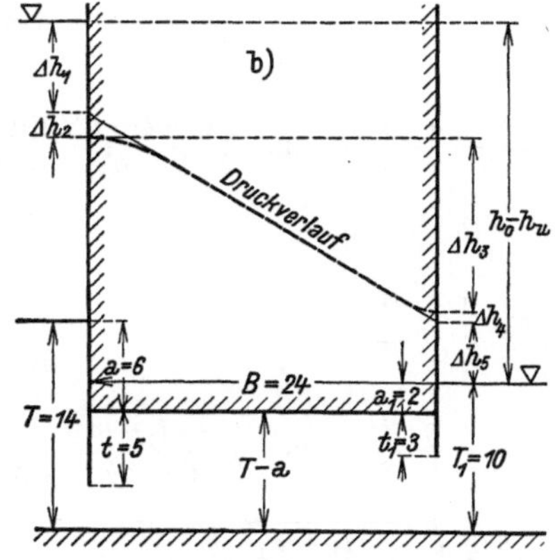

Abb. 38. Druckverlauf beim Durchfluß unter Gründungskörpern.

$$\varDelta h_1 = \frac{1{,}88}{2}\left(\frac{q}{k}\right)$$

Verlusthöhe, herrührend von der Strömung unter dem linken Randabschnitt der Platte [aus (50) mit $B = T$].

$$\varDelta h_2 = \frac{2\,B - T}{2\,T}\left(\frac{q}{k}\right)$$

Verlusthöhe, herrührend von der gleichförmigen Parallelströmung im Abschnitt von der Länge $B - \frac{T}{2}$.

$$\varDelta h_3 = -\frac{2}{\pi}\left(\ln \sin \frac{\pi}{2}\frac{T - t}{T}\right)\left(\frac{q}{k}\right)$$

Verlusthöhe, herrührend von der linksseitigen Umströmung der Spundwand. Gl. (54).

$$\varDelta h_4 = \sqrt[3]{\frac{t}{T - t}}\left(\frac{q}{k}\right)$$

Verlusthöhe, herrührend von der rechtsseitigen Umströmung der Spundwand. Gl. (48).

Es ist somit

$$h_0 - h_u = \sum \varDelta h = \frac{q}{k}\left(0{,}94 + \frac{2\,B - T}{2\,T} - \frac{2}{\pi}\ln \sin \frac{\pi (T - t)}{2\,T} + \sqrt[3]{\frac{t}{T - t}}\right),$$

woraus zum gegebenen Gefälle $h_0 - h_u$ der Durchfluß q gerechnet werden kann. Der reziproke Wert des Klammerausdruckes stellt den Formfaktor des Gebietes dar.

Sind an beiden Seiten einer in den Grundwasserträger versenkten Platte Spundwände angeordnet (Abb. 38b), dann kann, falls die Platte hinreichend lang ist, um in dem mittleren Abschnitt noch ungestörte Parallelströmung annehmen zu können, der gesamte Höhenverlust $h_0 - h_u$ als die Summe der folgenden fünf Einzelgefälle dargestellt werden.

$$\varDelta h_1 = \frac{q}{k}\sqrt[3]{\frac{t + a}{T - t - a}}$$

Halber Höhenverlust bei Umströmung einer Spundwand von der Tiefe $t + a$ in einem Grundwasserträger von der Mächtigkeit T. Gl. (48).

$$\varDelta h_2 = -\frac{q}{k}\,\frac{2}{\pi}\ln \sin \frac{\pi (T - t - a)}{2\,(T - a)}$$

Halber Höhenverlust, verursacht durch die Spundwand von der Tiefe t im Streifen von der Mächtigkeit $(T - a)$. Gl. (54).

$$\varDelta h_3 = \frac{q}{k}\,\frac{B}{T - a}$$

Höhenverlust durch die gleichförmige Parallelströmung im Streifen von der Länge B und der Tiefe $(T - a)$.

$$\varDelta h_4 = -\frac{q}{k}\,\frac{2}{\pi}\ln \sin \frac{\pi (T - t_1 - a)}{2\,(T - a)}$$

Wie bei $\varDelta h_2$, aber mit dem Werte t_1 an Stelle t.

$$\varDelta h_5 = \frac{q}{k}\sqrt[3]{\frac{t_1 + a_1}{T_1 - t_1 - a_1}}$$

Wie bei $\varDelta h_1$, aber mit den Werten T_1, t_1, a_1 an Stelle T, t, a.

Mit den in der Abb. 38b eingetragenen Maßen nehmen beispielsweise die Einzelgefälle folgende Größe an:

$$\Delta h_1 = 1{,}54\,\frac{q}{k},\ \Delta h_2 = 0{,}373\,\frac{q}{k},\ \Delta h_3 = 3{,}00\,\frac{q}{k},\ \Delta h_4 = 0{,}118\,\frac{q}{k},\ \Delta h_5 = 1{,}00\,\frac{q}{q}.$$

Ihre Summe ist $6{,}031\,\frac{q}{k}$, und der Durchfluß unter dem Bauwerk beträgt daher

$$q = k\,(h_0 - h_u)\,\frac{1}{6{,}031}.$$

Aus den obigen Beziehungen ist zu entnehmen, daß eintauchende Spundwände den Durchfluß auf jeden Fall vermindern und damit die Grundbruchgefahr an den Austrittstellen des Sickerwassers herabsetzen. Praktisch von Bedeutung ist auch ihr Einfluß auf den Druckverlauf längs der Gründungsplatte. Spundwände an der Oberwasserseite vermindern den Unterdruck, solche an der Unterwasserseite erhöhen ihn (Abb. 38a). Entscheidend für den Druckverlauf ist nicht die Länge des Sickerweges, sondern immer das Strömungsbild. Durch geeignete Formgebung des Gründungskörpers wie z. B. Anordnung tiefreichender Mauersporne an der Oberwasserseite, kann das Strömungsbild dahin beeinflußt werden, daß der Unterdruck eine für das Bauwerk unschädliche Größe annimmt.

Eine Verminderung des Druckes wird auch dadurch erreicht, daß man einzelne Abschnitte der umströmten Gründungsplatte durch eine Dränrohrleitung mit der Unterwasserseite des Bauwerkes verbindet (Abb. 67d). Dadurch werden diese Plattenabschnitte zu Niveaulinien der Strömung, und für den Druckverlauf längs der Platte ist das diesen geänderten Randbedingungen entsprechende Strömungsbild maßgebend. Rechnerische Lösungen kommen für derartige Strömungen nicht in Frage. Der Verlauf des Druckes kann nach den versuchstechnischen Verfahren entweder unmittelbar durch Messung oder, auf dem Wege über das Strömungsbild, zeichnerisch (Abb. 64) bestimmt werden.[1]

Wirkung von Dichtungsmaßnahmen.

An Hand der Gl. (53) sei noch folgende Überlegung betreffend die abdichtende Wirkung von Spundwänden angefügt. Betrachtet man vorübergehend die Werte $h_0 - h_u$, η und T in dieser Gleichung als Festwerte, so stellt sie die Abhängigkeit des Durchflusses q von der Tauchtiefe t der Spundwand dar. Für $t = 0$ ist der Durchfluß am größten, und zwar ist

$$q_{\max} = k\,(h_0 - h_u)\,\frac{T}{2\,\eta}. \tag{55}$$

[1] K. v. Terzaghi: Der Grundbruch an Stauwerken und seine Verhütung. Wasserkraft, München. 1922; Erdbaumechanik 1925, S. 373. —

Durch die eintauchende Wand wird der Durchfluß vermindert, und zwar um so mehr, je größer das Verhältnis $t : T$, das ist die *Verbauung* des Querschnittes, ist. Die Beziehung zwischen der relativen Durchflußverminderung $\frac{q_{max} - q}{q_{max}}$ und der Verbauung folgt aus (53) und (55) und lautet

$$\frac{q_{max} - q}{q_{max}} = \frac{\ln \sin \frac{\pi}{2}\left(1 - \frac{t}{T}\right)}{\ln \sin \frac{\pi}{2}\left(1 - \frac{t}{T}\right) - \frac{\pi \eta}{2T}}.$$

In der Abb. 39 ist für die Annahme $\eta = 10\,T$ dieser Zusammenhang graphisch dargestellt. Hieraus ist zu ersehen, wie langsam der Durchfluß mit zunehmender Tauchtiefe der Wand abnimmt. So ist beispielsweise bei einer Verbauung $t : T = 0{,}999$, bei der also nur mehr ein Tausendstel des Querschnittes für den Durchfluß frei bleibt, die Durchflußverminderung erst 29 v. H., und bei einer Verbauung 0,5 beträgt sie erst 2 v. H. und ist daher praktisch belanglos.

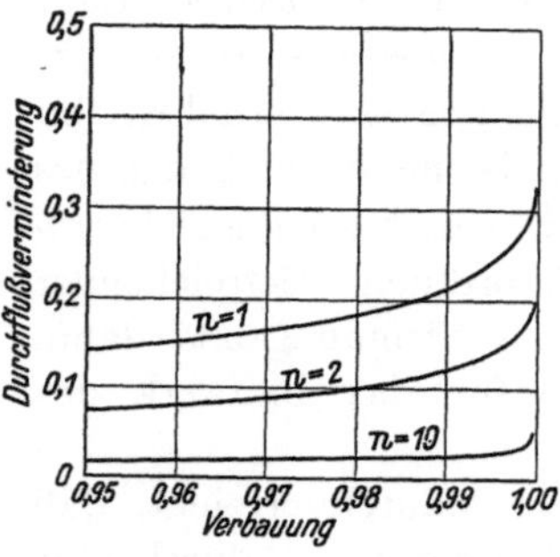

Abb. 39. Durchflußverminderung infolge Verbauung des Querschnittes.

Viel ausschlaggebender als die *Größe* der freien Durchflußöffnung ist deren *Lage* in einer solchen abdichtenden Wand, also die *Art* der Verbauung, weil dadurch das Strömungsbild und die Verlusthöhe bedingt werden. Wären z. B. statt der einen Öffnung $T - t$ deren n von der Größe $\frac{T-t}{n}$ gleichmäßig über den ganzen Querschnitt verteilt (Abb. 37, unten), so ergäbe dies eine andere, und zwar geringere Durchflußverminderung

$$\frac{q_{max} - q}{q_{max}} = \frac{\ln \sin \frac{\pi}{2}\left(1 - \frac{t}{T}\right)}{\ln \sin \frac{\pi}{2}\left(1 - \frac{t}{T}\right) - \frac{n \pi \eta}{2T}},$$

weil die Verbauung $t : T$ die gleiche bleibt, aber an Stelle von T der Wert $\frac{T}{n}$ zu setzen ist. Für $n = 2$ und $n = 10$ sind die entsprechenden Linien in die Abb. 39 eingetragen.

Diese allgemeinen Überlegungen gelten nicht nur für eine Spundwand zwischen Gründungsplatte und undurchlässiger Schicht, sondern sie sind grundsätzlich auch bei den anderen Dichtungsmaßnahmen zu beachten, die, wie Herdmauern, Tonkerne, Zementinjektionen usw.,

---

Redlich, Terzaghi und Kampe: Ingenieurgeologie. Wien und Berlin 1929, S. 529 f. L. F. Harza: Unterdruck und Sickerung unter Wehren. Proc. Amer. Soc., Vol. 60, 1934. Weitere Erörterungen hierüber: Vol. 61, 1935.

im Wasserbau zur Verminderung des Sickerwasserdurchzuges oder zur Aufstauung von Grundwasser angewendet werden. Sie zeigen, daß eine abdichtende Wirkung im Grundwasserstrom nur bei möglichst lückenloser Ausführung der Dichtungswand erreicht werden kann, und daß schon verhältnismäßig sehr kleine Öffnungen (Undichtheiten) den Erfolg einer solchen Maßnahme in Frage stellen. Es muß dies deshalb besonders hervorgehoben werden, weil diese der unmittelbaren Anschauung entzogenen Vorgänge im Grundwasser ganz verschieden sind von den analogen Vorgängen des über Tag fließenden Wassers, bei dem der Durchfluß ungefähr verhältnisgleich ist der Größe der freien Öffnung und fast unabhängig ist von deren Lage in der abschließenden Wand.

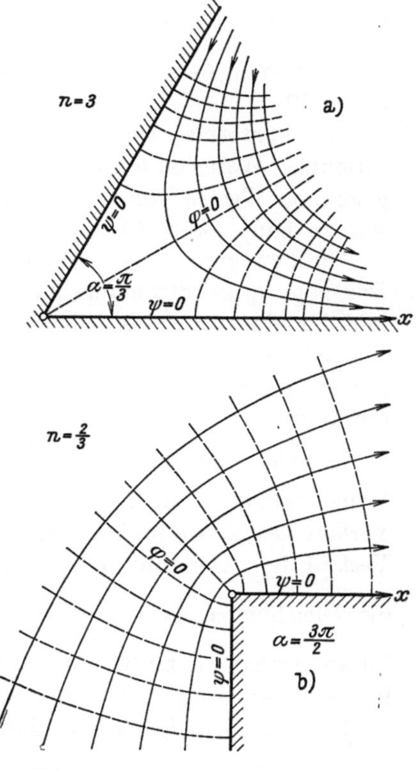

Abb. 40. Strömungsbilder bei Ecken.

Strömung in keilförmigen Räumen und um Ecken.

Eine mathematisch sehr einfach zu beschreibende Strömung wird durch die konforme Abilbdung mit der Funktion

$$\omega = z^n \tag{56}$$

vermittelt.[1] Für die gegenständliche Untersuchung ist es zweckmäßig, in der z-Ebene an Stelle von x und y die Polarkoordinaten r und δ einzuführen. Die Abbildungsfunktion geht damit über in

$$\varphi + i\,\psi = r^n\,(\cos\delta + i\sin\delta)^n = r^n\cos n\,\delta + i\,r^n\sin n\,\delta,$$

woraus

$$\varphi = r^n\cos n\,\delta \quad \text{und} \quad \psi = r^n\sin n\,\delta \tag{57}$$

folgen. Die beiden Kurvenscharen φ und ψ, die Hyperbeln höherer Ordnung darstellen, sind kongruent und um den Winkel $\frac{\pi}{2n}$ gegeneinander verdreht (Abb. 40). Aus (57) ist zu entnehmen, daß für alle

[1] L. BIEBERBACH: Konforme Abbildung. Sammlung Göschen, Bd. 768, S. 41. — L. PRANDTL: Strömungslehre, S. 56. — W. KAUFMANN: Hydromechanik, I. Bd., S. 138.

Polstrahlen $\delta = (2\,m + 1)\,\frac{\pi}{2\,n}$ die Niveaufunktion φ den konstanten Wert Null besitzt, und daß für die Polstrahlen $\delta = (m + 1)\,\frac{\pi}{n}$ die Stromfunktion ψ Null wird. Diese Polstrahlen sind also Niveau- bzw. Stromlinien der Bewegung. Betrachtet man beispielsweise die Polstrahlen $\delta = 0$ und $\delta = \frac{\pi}{n}$ als feste Randstromlinien, so bestimmen die Gln. (57) das Strömungsbild in dem keilförmigen Raum vom Winkel $\alpha = \frac{\pi}{n}$ (Abb. 40a).

Die konforme Abbildung mittels (56) ist grundsätzlich für jeden rationalen Wert von n durchführbar, so daß mit den zwischen 0,5 und 1,0 gelegenen Werten von n auch die Umströmung von Ecken beschrieben werden kann (Abb. 40b).

Die Bewegung nach (57) erfolgt aus dem Unendlichen ins Unendliche. Das zugehörige Strömungsbild ist daher als selbständiges Strömungsbild für eine praktisch mögliche Grundwasserbewegung nicht geeignet. Für Näherungslösungen dagegen ist es gut brauchbar, wenn man sich auf einen hinreichend engen Bereich um den Scheitel des Winkels beschränkt.

In jedem der Winkel $\alpha = \frac{\pi}{n}$ erfolgt die Strömung symmetrisch zur Winkelhalbierenden, die eine Niveaulinie der Bewegung darstellt. Der Verlauf der Niveaufunktion φ_0 längs der Randstromlinie $\delta = 0$ und der Verlauf der Stromfunktion $\psi_{\frac{\alpha}{2}}$ längs der Winkelhalbierenden sind durch die Gleichungen $\varphi_0 = \psi_{\frac{\alpha}{2}} = r^n$ gekennzeichnet. Von diesem einfachen Zusammenhang kann bei der zeichnerischen Bestimmung des Strömungsbildes in der Umgebung von Ecken Gebrauch gemacht werden.[1]

Die Geschwindigkeitsverteilung längs des Randes folgt aus

$$\bar{u} = \frac{\partial \varphi_0}{\partial r} = n\,.\,r^{n-1}.$$

Für alle Winkel $\alpha < \pi$ ist $n > 1$ und daher die Geschwindigkeit im Eckpunkt selbst gleich Null. Dagegen ist für $\alpha > \pi$ wegen $n < 1$ die Geschwindigkeit im Eckpunkt unendlich groß. In den Eckpunkten sind die Strom- und Niveaulinien nicht mehr aufeinander normal, die Abbildung der ω-Ebene auf die z-Ebene ist also dort nicht mehr winkeltreu. Aus dem Verschwinden der Winkeltreue an einer Stelle eines Strömungsgebietes kann immer auch auf ein besonderes Verhalten — Null oder Unendlichwerden der Geschwindigkeit — geschlossen werden.

Bei Anwendung der obigen Beziehungen auf eine Filterbewegung sind die Durchlässigkeit und das Gefälle sinngemäß zu berücksichtigen.

---

[1] Siehe S. 127.

Einströmung in Dammböschungen.

Betrachtet man die x-Achse $\delta = 0$ in Abb. 40a als feste Randstromlinie und die Winkelhalbierende $\delta = \frac{\alpha}{2}$ als Randniveaulinie, dann kann durch die konforme Abbildung mittels (56) die Einströmung in das keilförmige Gebiet vom Winkel $\frac{\alpha}{2}$ beschrieben werden. Die Strömung in diesen Raum erfolgt normal zur Winkelhalbierenden und das zugehörige Strömungsbild wäre genau das den Gln. (57) entsprechende, wenn die Strömung ins Unendliche erfolgte, oder wenn das Gebiet rechtsseitig

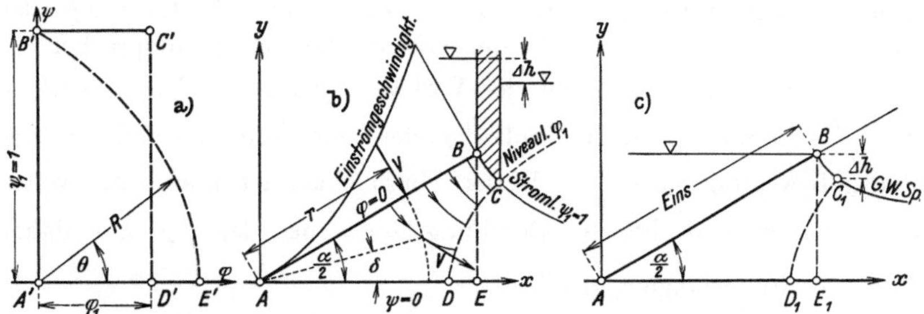

Abb. 41. Einströmung in Dammböschungen.

durch eine Strom- und eine Niveaulinie nach (57) begrenzt wäre (Abb. 41b). Der zweite Fall liegt ungefähr dann vor (Abb. 41c), wenn die Winkelhalbierende als die gegen Oberwasser gelegene Böschung eines durchlässigen Erdkörpers, wie z. B. eines Staudammes auf undurchlässiger Unterlage, betrachtet wird. Bei einer solchen Grundwasserbewegung ist das kurze Stück BC_1 des Grundwasserspiegels ebenso normal zur Böschung wie das Stromlinienstück BC des theoretischen Strömungsbildes, sodaß, obwohl die Oberflächenbedingung[1] längs BC nicht erfüllt ist, die Form dieses Randes von jener des Grundwasserspiegels nur wenig verschieden sein kann. Ähnliches gilt für den Ersatz der Niveaulinie C_1D_1 durch die Niveaulinie CD, da beide normal gerichtet sein müssen zur undurchlässigen Schicht und daher in ihrem allgemeinen Verlauf nur wenig voneinander abweichen werden. Unter dieser Voraussetzung kann für den Böschungskeil $AB\,C_1D_1$ (Abb. 41c) bei Zugrundelegung des Strömungsbildes im Bereiche $ABCD$ (Abb. 41b) der Verlauf der Randgeschwindigkeiten und die Größe des Formfaktors näherungsweise berechnet werden.

Bei der Potentialbewegung im Raume $ABCD$ betragen die Radial- und Tangentialkomponenten der Geschwindigkeit in einem durch die Koordinaten r und δ gegebenen Punkte

$$\overline{V}_r = -\frac{\partial\varphi}{\partial r} = -n\,r^{n-1}\cos n\,\delta \quad \text{und} \quad \overline{V}_t = -\frac{1}{r}\frac{\partial\varphi}{\partial\delta} = n\,r^{n-1}\sin n\,\delta.$$

[1] Siehe S. 46.

Die Geschwindigkeit selbst ist daher

$$\overline{V} = \sqrt{\overline{V}_r^2 + \overline{V}_t^2} = n \cdot r^{n-1},$$

also unabhängig von der Größe des Winkels δ, sodaß in allen Punkten eines um den Fußpunkt der Böschung gelegten Kreises die Geschwindigkeit die gleiche ist.. Damit ist aber auch die Verteilung der Einströmgeschwindigkeit festgelegt, denn längs der Böschung ist $\overline{V}_r = 0$ und $\overline{V} = \overline{V}_t = n \cdot r^{n-1}$. Diese Beziehungen können bei Ausschluß der nächsten Umgebung der Punkte B, C_1 und D_1 für die Beurteilung des Geschwindigkeitsverlaufes verwendet werden. Zur Bestimmung der Filtergeschwindigkeit V sind die der Potentialbewegung entsprechenden Geschwindigkeitswerte $\overline{V}$ nach der Verhältnisgleichung $V : \overline{V} = k\Delta h : \varphi$ mit $\frac{k\,\Delta h}{\varphi}$ zu multiplizieren, wobei φ den Niveauunterschied bei der Potentialbewegung darstellt. Dieser Unterschied ist aber, wie weiter unten gezeigt wird, bei der Böschungslänge eins gleich $\frac{1}{f}$ und daher bei der Böschungslänge r_1 gleich $\frac{r_1^n}{f}$.

Es ist also

$$V = k \cdot \Delta h \cdot f \cdot \frac{n\, r^{n-1}}{r_1^n} = n \cdot q \frac{r^{n-1}}{r_1^n}. \tag{58}$$

Aus (58) ist zu entnehmen, daß die Einströmgeschwindigkeit beim Wasseranschlag B am größten ist und gegen den Böschungsfuß auf den Wert Null abnimmt. Die Einströmung des Wassers ist daher besonders bei flachen Böschungen auf den oberen Abschnitt der Dammböschung zusammengedrängt. Wenn auch die Kenntnis der Einströmgeschwindigkeit für die Stabilitätsuntersuchung der Böschung nicht von Bedeutung ist, so kann doch aus dem Verlauf dieser Geschwindigkeit die praktisch wichtige Folgerung gezogen werden, daß Dichtungsmaßnahmen im oberen Böschungsabschnitt viel wirksamer sein müssen als solche in der Nähe des Böschungsfußes. Für den Punkt B kann der genaue Wert der Einströmgeschwindigkeit aus der Oberflächenbedingung berechnet werden. Da der Grundwasserspiegel mit der Waagrechten einen Winkel von $\left(\frac{\pi}{2} - \frac{\alpha}{2}\right)$ einschließt, beträgt die Geschwindigkeit in diesem Punkte $V_{OB} = k \cdot \sin\left(\frac{\pi}{2} - \frac{\alpha}{2}\right) = k \cos\frac{\alpha}{2}$. Damit kann der Näherungswert nach (58) für die Umgebung des Punktes B berichtigt werden.

Zur Bestimmung des Formfaktors für das Gebiet $A\,B\,C\,D$ ist zunächst eine eindeutige Abgrenzung dieses Strömungsbereiches durch die beiden Kurvenstücke $B\,C$ und $C\,D$ (Abb. 41b) erforderlich. Durch die Lage des Wasseranschlagpunktes B, der bei jeder Anordnung als gegeben vorausgesetzt werden kann, ist auch die oberste Stromlinie festgelegt.

Die Lage des Punktes C auf dieser Stromlinie wird zweckmäßig derart gewählt, daß bei ein und demselben Durchfluß der gesamte Energieaufwand für die Durchströmung des Bereiches $A\,B\,C\,D$ gleich ist jenem für die Durchströmung des Gebietes $A\,B\,E$, wobei $B\,E$ normal gerichtet ist zu $A\,E$. Das Verhältnis des Durchflusses q zum k-fachen Standrohrspiegelunterschied Δh, das ist der Formfaktor, besitzt unter dieser Voraussetzung für beide Gebiete denselben Wert, so daß bei der Berechnung des Durchflusses durch zusammengesetzte Gebiete an Stelle des Teilbereiches $A\,B\,C\,D$ der durch die Punkte A und B allein gekennzeichnete einfache Teilbereich $A\,B\,E$ verwendet werden kann. Der Energieaufwand für die Strömung durch $A\,B\,C\,D$ ist aber gleich jenem durch $A\,B\,E$, wenn die konforme Abbildung der beiden Bereiche auf die ω-Ebene, das sind die Flächen $A'\,B'\,C'\,D'$ und $A'\,B'\,E'$, einander gleich sind.[1] Die Aufgabe besteht demnach darin, die Gerade $B\,E$ der z-Ebene mit Hilfe von Gl. (56) auf die ω-Ebene abzubilden und dann $C'\,D'$ in der ω-Ebene so zu legen, daß $A'\,B'\,C'\,D'$ und $A'\,B'\,E'$ flächengleich werden.

Führt man auch in der ω-Ebene an Stelle der rechtwinkeligen Koordinaten φ und ψ die Polarkoordinaten R und Θ ein, dann lautet die Abbildungsgleichung

$$\omega = R\,(\cos\Theta + i\sin\Theta) = r^n\,(\cos n\,\delta + i\sin n\,\delta),$$

woraus

$$R\cos\Theta = r^n\cos n\,\delta \quad \text{und} \quad R\sin\Theta = r^n\sin n\,\delta$$

folgen. Zwischen den Polarkoordinaten der beiden Ebenen bestehen daher die Beziehungen

$$R = r^n \quad \text{und} \quad \Theta = n\,\delta,$$

sodaß die Gerade $B\,E$, das ist $r\cos\delta = \cos\frac{\alpha}{2}$ der z-Ebene, in die Kurve $R^{\frac{1}{n}}\cos\frac{\Theta}{n} = \cos\frac{\alpha}{2}$ der ω-Ebene übergeht. Damit wird zunächst

$$\text{Fläche } A'\,B'\,E' = \frac{1}{2}\int\limits_0^{\frac{\pi}{2}} R^2\,d\Theta = \frac{\cos\frac{\alpha}{2}}{2}\int\limits_{\cos\frac{\alpha}{2}}^{1}\frac{R\,d\,R}{\sqrt{R^{\frac{2\alpha}{\pi}} - \cos^2\frac{\alpha}{2}}} =$$

$$= \frac{\pi}{2\,\alpha}\cos\frac{\alpha}{2}\int\limits_0^{\sin\frac{\alpha}{2}}\left(t^2 + \cos^2\frac{\alpha}{2}\right)^{\frac{\pi}{\alpha}-1} d\,t.$$

[1] Siehe S. 53.

Da für die gegenständliche Untersuchung nur die Form der Strömungsgebiete und nicht deren absolute Ausmaße in Betracht kommen, ist es zweckmäßig, die Länge AB der Böschung gleich der Einheit zu setzen. Damit wird aber die Stromfunktion $\psi_1 = 1$ und die Fläche $A'B'C'D' = = \varphi_1\psi_1 = \varphi_1$. Die notwendige Flächengleichheit der beiden Gebiete $A'B'C'D'$ und $A'B'E'$ findet daher ihren Ausdruck in der Gleichung

$$\varphi_1 = \frac{\pi}{2\alpha} \cos\frac{\alpha}{2} \int\limits_0^{\sin\frac{\alpha}{2}} \left(t^2 + \cos^2\frac{\alpha}{2}\right)^{\frac{\pi}{\alpha}-1} dt. \tag{59}$$

Nach Gl. (36) ist aber der Formfaktor f eines von je zwei Strom- und Niveaulinien begrenzten Gebietes gleich dem Quotienten aus dem Unterschied der Stromfunktionswerte in den Unterschied der Niveaufunktionswerte. Für das Strömungsgebiet $ABCD$ bzw. ABE ist daher

$$f = \frac{\psi_1 - 0}{\varphi_1 - 0} = \frac{1}{\varphi_1},$$

wodurch in Verbindung mit (59) der Zusammenhang zwischen dem Böschungswinkel und dem Formfaktor hergestellt ist.

Berechnet man hiermit für einige Werte von $\frac{\alpha}{2}$ den zugehörigen Formfaktor f, so kann aus einer entsprechenden Anzahl von Wertepaaren $\left(f, \frac{\alpha}{2}\right)$ die für den Anwendungsbereich $0 < \frac{\alpha}{2} < \frac{\pi}{4}$ hinreichend genaue Interpolationsformel

$$f = 1{,}12 + 1{,}93 \operatorname{tg} \frac{\alpha}{2} \tag{60}$$

abgeleitet werden. Die Abhängigkeit zwischen dem Böschungswinkel $\frac{\alpha}{2}$, dem Durchfluß q und dem Standrohrspiegelgefälle Δh ist somit für dieses als Teilbereich häufig vorkommende Strömungsgebiet durch die einfache Näherungsformel

$$q = k\,\Delta h\left(1{,}12 + 1{,}93 \operatorname{tg} \frac{\alpha}{2}\right) \tag{61}$$

festgelegt. Die Anwendbarkeit dieser Formel ist auf jene Anordnungen beschränkt, bei denen der Höhenverlust Δh in der Böschung im Verhältnis zur Höhe der Böschung nicht zu groß ist, da nur dann die eingangs erwähnten Voraussetzungen erfüllt sind.

Grundwasserstrom über waagrechter Sohle.

Die zuletzt behandelte Abbildungsfunktion ermöglicht Lösungen für eine Reihe von Strömungen mit freiem Grundwasserspiegel, wovon jene über waagrechter, undurchlässiger Schicht die praktisch wichtigste ist.[1] Setzt man in (56) den Exponenten $n = \frac{1}{2}$, so lautet die Abbildungsfunktion

$$\omega = \sqrt{z} \quad \text{oder} \quad \omega^2 = z.$$

Die Durchführung der Abbildung liefert zunächst

$$\varphi^2 + 2\,i\,\varphi\,\psi - \psi^2 = x + i\,y,$$

woraus durch Gleichsetzen der reellen und imaginären Bestandteile

$$\varphi^2 - \psi^2 = x \quad \text{und} \quad 2\,\varphi\,\psi = y \tag{62}$$

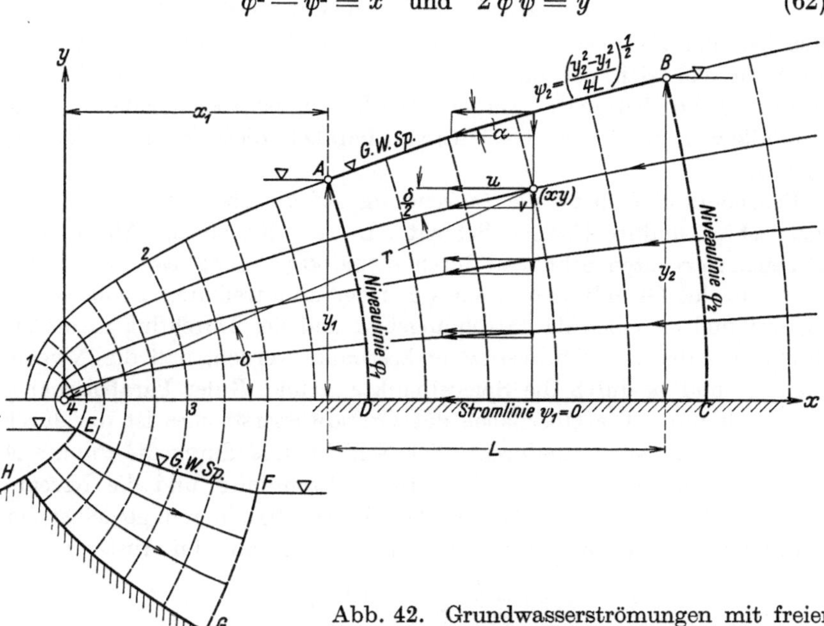

Abb. 42. Grundwasserströmungen mit freier Oberfläche.

folgen. Die Ausscheidung von φ und ψ führt schließlich auf die Gleichungen der Kurvenscharen

$$y^2 = 4\,\psi^2\,(\psi^2 + x) \quad \text{und} \quad y^2 = 4\,\varphi^2\,(\varphi^2 - x), \tag{63}$$

in welche die zu den Koordinatenachsen der ω-Ebene parallelen Geraden $\varphi =$ konst. und $\psi =$ konst. durch die Abbildung auf die z-Ebene übergehen. Es sind dies die Gleichungen zweier Parabelscharen (Abb. 42), deren gemeinsamer Brennpunkt im Ursprung liegt und deren Achse mit der x-Achse zusammenfällt. Betrachtet man beispielsweise ψ als

[1] J. Koženy: Grundwasserbewegung bei freiem Spiegel, Fluß- und Kanalversickerung. Wasserkr. u. Wasserwirtsch., H. 3. München. 1931. — H. C. P. de Vos: Das Strömen von Wasser durch Erddämme und deren Unterlage. Ref. z. I. Int. Talsperrenkongreß. Stockholm. 1933.

Stromfunktion und φ als Niveaufunktion, dann folgt aus (62), daß längs jeder Stromlinie $\psi = C$ das Verhältnis zwischen dem Potential φ und der Höhe y den Wert $\frac{\varphi}{y} = \frac{1}{2\,C}$ annimmt, also konstant ist. Dies ist aber gerade die Bedingung, die von jeder freien Oberfläche einer Grundwasserströmung erfüllt sein muß, denn längs der Oberfläche ist die Standrohrspiegelhöhe h gleich der Ortshöhe y und daher das Geschwindigkeitspotential $\varphi = k\,h = k\,y$ oder $\frac{\varphi}{y} = k$. Die gleiche Überlegung gilt, falls φ als Strom- und ψ als Niveaufunktion gedeutet werden. Es kann demnach jede der Parabeln dieser beiden Scharen als freie Oberfläche für eine unter ihr vor sich gehende Grundwasserbewegung, z. B. in $A\,B\;C\,D$ oder in $EFGH$, betrachtet werden. Die Lösung ist aber nur dann genau, wenn alle vier Ränder des Gebietes von Parabeln dieser Systeme gebildet werden.

Besonders einfach ist die Anwendung auf die ebene Strömung über waagrechter undurchlässiger Schicht. In den beiden im Abstande L gelegenen lotrechten Schnitten durch A und B (Abb. 42) seien die Tiefen y_1 und y_2 des Grundwasserstromes aus der unmittelbaren Beobachtung bekannt und es sollen das Strömungsbild und der Durchfluß in diesem Abschnitt unter der Voraussetzung bestimmt werden, daß die Niveaulinien φ_1 und φ_2 durch die Spiegelpunkte A und B der Parabelschar φ (63) angehören. Die Oberfläche des Grundwasserstromes ist die durch ihre Achse, das ist die undurchlässige Schicht, und durch die Punkte A und B festgelegte Parabel. Die übrigen Stromlinien und die Niveaulinien des Bereiches sind die Parabelscharen (63), deren gemeinsamer Brennpunkt und Ursprung, wie sich nachweisen läßt, im Abstande

$$x_1 = \frac{y_1^2\,L}{y_2^2 - y_1^2} - \frac{y_2^2 - y_1^2}{4\,L}$$

von der Lotrechten durch A liegt.

Aus der Analogie zwischen der Potentialbewegung und der Grundwasserströmung folgt die Verhältnisgleichung

$$\frac{q}{k\,(y_2 - y_1)} = \frac{\psi_2}{\varphi_2 - \varphi_1}, \tag{64}$$

und wenn man hierin φ_1, φ_2 und ψ_2 mit Hilfe der Gln. (63) durch die bekannten Größen y_1, y_2 und L ersetzt, ergibt sich für den Durchfluß:

$$q = k\,\frac{y_2^2 - y_1^2}{2\,L}. \tag{65}$$

Diese Beziehung, die bereits von Dupuit unter der Voraussetzung geringen Spiegelgefälles als Näherungsgleichung abgeleitet wurde, gilt also bei dem durch die Gln. (63) gekennzeichneten Strömungsbild vollkommen genau, und zwar bei jedem Gefälle des Grundwasserspiegels. Führt man in der Gl. (63) der Stromfunktion ψ für die Veränderlichen x

und y die Koordinaten der Wasserspiegelpunkte A und B ein, dann folgt hieraus für die Stromfunktion ψ_2 längs der Oberfläche die Beziehung

$$4\,\psi_2{}^2 = \frac{y_2{}^2 - y_1{}^2}{L}$$

und die Gleichung der Oberfläche selbst lautet damit

$$y^2 = \frac{y_2{}^2 - y_1{}^2}{L}\left(\frac{y_2{}^2 - y_1{}^2}{4\,L} + x\right).$$

Die Tangente des Neigungswinkels α der Oberfläche beträgt daher

$$\operatorname{tg}\alpha = \frac{dy}{dx} = \frac{y_2{}^2 - y_1{}^2}{2\,L\,y},$$

woraus durch Verbindung mit (65) die von DUPUIT für den Durchfluß aufgestellte Formel $q = y \,.\, k \,.\, \operatorname{tg}\alpha$ folgt. Während aber die waagrechte Komponente der Filtergeschwindigkeit in den einzelnen Punkten einer Lotrechten von DUPUIT als gleich groß vorausgesetzt wird, nimmt sie beim vorliegenden Strömungsbild vom Spiegelpunkt gegen die undurchlässige Schicht zu. Die Zunahme der Geschwindigkeit mit der Tiefe ist aber im allgemeinen so gering, daß bei praktischen Aufgaben die Annahme von DUPUIT meist vollständig ausreicht. Die Geschwindigkeitskomponenten $\bar{u}$ und $\bar{v}$ der Potentialbewegung ergeben sich durch Differenzieren der Niveaufunktion φ nach x und y. Führt man in das Ergebnis dieser Ableitungen die Polarkoordinaten r und δ (Abb. 42) ein und wendet die Verhältnisgleichung (64) sinngemäß auf die Geschwindigkeiten an, so ergeben sich für die Komponenten der Filtergeschwindigkeit die Werte

$$u = k\sqrt{\frac{y_2{}^2 - y_1{}^2}{L}} \cdot \frac{\cos\frac{\delta}{2}}{2\sqrt{r}} \quad \text{und} \quad v = k\sqrt{\frac{y_2{}^2 - y_1{}^2}{L}} \cdot \frac{\sin\frac{\delta}{2}}{2\sqrt{r}}.$$

Die Größe der Filtergeschwindigkeit selbst beträgt

$$V = \frac{k}{2\sqrt{r}}\sqrt{\frac{y_2{}^2 - y_1{}^2}{L}}, \tag{66}$$

und ihre Richtung ist nach einer bekannten Eigenschaft der Parabel durch den Winkel $\frac{\delta}{2}$ gegeben. In allen Punkten eines Kreises um den Ursprung hat daher die Filtergeschwindigkeit die gleiche Größe und in allen Punkten eines Polstrahles ist die Filtergeschwindigkeit gleich gerichtet. Es ist dies eine Besonderheit der konformen Abbildung mittels der Funktion $\omega = z^n$ und steht in Übereinstimmung mit der Tatsache, daß die Linien gleicher Geschwindigkeit und gleicher Geschwindigkeitsrichtung ebenso rechtwinkelige Kurvensysteme bilden wie die Strom- und Niveaulinien.[1]

---

[1] Siehe S. 54.

Die Randniveaulinien des Bereiches werden beim natürlichen Grundwasserstrom nie die vorausgesetzte parabelförmige Gestalt aufweisen, und es kann daher keine vollständige Übereinstimmung mit dem oben beschriebenen Strömungsbild erwartet werden. Die vorgenannten theoretischen Zusammenhänge gewähren aber doch einen guten Einblick in die Strömungsverhältnisse im mittleren Abschnitt eines Grundwasserstromes, der dem störenden Einfluß der seitlichen Ränder entzogen ist und wo die Strömung wesentlich vom festen unteren Rand und der freien Oberfläche beherrscht wird.

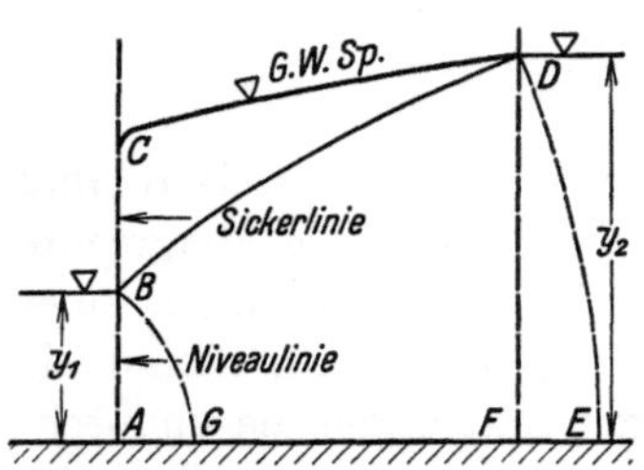

Abb. 43. Durchfluß bei lotrechter Sickerfläche.

Ist ein im Verhältnis zum Wasserspiegelunterschied $y_2 - y_1$ kurzer Stromabschnitt durch lotrechte Niveaulinien begrenzt (Abb. 43), dann erfährt das Strömungsbild eine grundlegende Änderung, da auf der Unterwasserseite über der Niveaulinie AB die Sickerlinie BC auftritt.[1] Die analytische Lösung für diese geometrisch zwar sehr einfache Berandung erfordert sehr umfangreiche Rechenarbeiten,[2] die vom mathematisch wissenschaftlichen Standpunkt interessant sind, aber für die Bearbeitung praktischer Grundwasseraufgaben nicht mehr in Frage kommen können. Einblick in die Strömungsverhältnisse eines solchen Bereiches gewinnt man, wenn unter Einhaltung der Randbedingungen im Bereiche von Sickerflächen die Strom- und Niveaulinien versuchsweise eingezeichnet werden.[3]

Die Berechnung des Durchflusses für einen solchen Bereich kann dagegen ohne Rücksicht auf das geänderte Strömungsbild nach Gl. (65) erfolgen, weil der Arbeitsaufwand für die Durchströmung des Gebietes $ACDF$ ungefähr gleich ist jenem im Bereich $GBDE$. Wesentlich ist hierbei, daß für y_1 die Unterwasserhöhe AB und nicht die Höhe AC des Grundwasserspiegels an der Wand gesetzt wird.

Wird einem ausgedehnten Grundwasserbecken über waagrechter undurchlässiger Schicht mittels eines in der Sohle angeordneten Schlitzes Wasser entzogen (Abb. 44) und erfolgt der Wasserabfluß im Schlitz bei freiem Spiegel, dann ist der Schlitz eine Niveaulinie der Grundwasserströmung, und der gemeinsame Brennpunkt der Strömungsparabeln

---

[1] Siehe S. 106f.

[2] G. Hamel: Über Grundwasserströmung. Z. angew. Math. Mech., Bd. 14, H. 3. 1934. — G. Hamel u. E. Günther: Numerische Durchrechnung hierzu: Bd. 15, H. 5. 1935.

[3] Siehe S. 47, 106f. u. 125f.

liegt am Schlitzrand.[1] Kann im Abstande R vom Schlitzrand die Höhe H des Grundwasserspiegels als unveränderlich vorausgesetzt werden, dann ist dessen Form festgelegt und die Gleichung

$$y^2 = \left(\sqrt{R^2 + H^2} - R\right)\left(2\,x + \sqrt{R^2 + H^2} - R\right)$$

hierfür ergibt sich aus (63), nachdem man vorher den Wert der Stromfunktion ψ_2 mit Hilfe der Koordinaten R und H des gegebenen Spiegelpunktes berechnet hat.

Die Einströmung in den Schlitz erfolgt in der Breite

$$b = \frac{1}{2}\left(\sqrt{R^2 + H^2} - R\right).$$

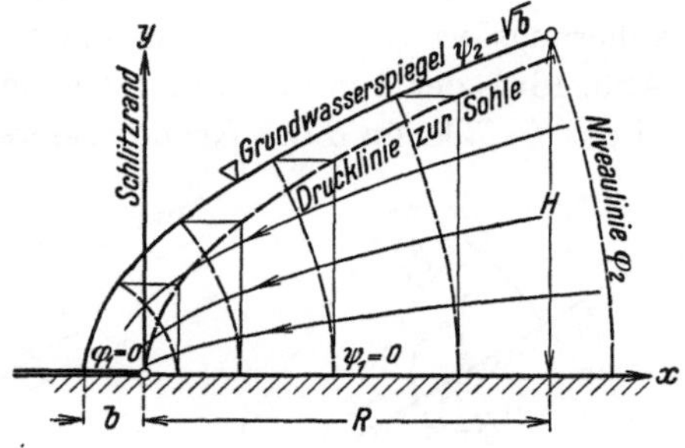

Abb. 44. Strömung zu einem waagrechten Schlitz in der Sohle.

Die Anwendung der allgemeinen Beziehung (36) ergibt schließlich für die Berechnung des Durchflusses die Formel

$$q = k\,H\,\frac{\psi_2 - \psi_1}{\varphi_2 - \varphi_1} = k\,H\,\frac{\psi_2}{\varphi_2} =$$

$$= k\,.\,H\,.\sqrt{\frac{\sqrt{R^2 + H^2} - R}{\sqrt{R^2 + H^2} + R}} =$$

$$= k\left(\sqrt{R^2 + H^2} - R\right) = 2\,k\,b.$$

Setzt man in Gl. (66) $y_1 = 0$, $y_2 = H$ und $L = R + b$, dann folgt hieraus für die Verteilung der Filtergeschwindigkeit längs der undurchlässigen Schicht und längs des Schlitzes die Beziehung

$$V = \frac{k\,H}{2\sqrt{|x|\,(R + b)}}.$$

Wie sich aus der Abb. 44 entnehmen läßt, verläuft die Druckhöhe h längs der Sohle nach der Gleichung $h^2 = 4\,b\,x$ und ist bei größeren Spiegelgefällen wesentlich kleiner als die Tiefe des Grundwasserstromes.

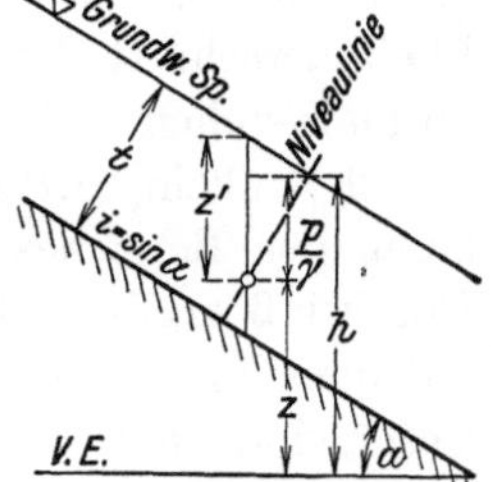

Abb. 45. Gleichförmige Strömung bei freier Oberfläche.

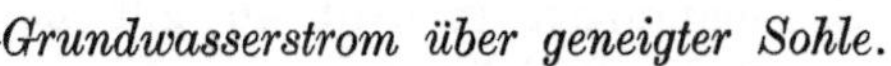

Grundwasserstrom über geneigter Sohle.

Bewegt sich Grundwasser *gleichförmig* über einer ebenen, undurchlässigen Schicht (Abb. 45), dann ist der Grundwasserspiegel zur Sohle parallel und zwischen der Sohlenneigung $i = \sin\alpha$, der Mächtigkeit t des Grundwasserstromes, seiner Geschwindigkeit V und dem Durchfluß q besteht der Zusammenhang

$$q = t\,.\,V = t\,.\,k\,.\,\sin\alpha. \tag{67}$$

[1] H. C. P. de Vos: a. a. O.

Im lotrechten Abstande z' unter dem Grundwasserspiegel herrscht ein Druck von der Größe $\gamma z' \cos^2 \alpha$. Diese Beziehungen gelten bei jedem Gefälle. Aus (67) folgt, daß über waagrechter Sohle gleichförmige Bewegung ausgeschlossen ist und daß bei lotrechter Bewegung $V = k$ und $q = k \, . \, t$ werden.

Ungleichförmige Bewegung über einer ebenen, undurchlässigen Schicht kann bei geringem Gefälle der freien Oberfläche und waagrechter oder wenig geneigter Sohle nach dem Ansatz von DUPUIT[1] näherungsweise behandelt werden.

Bei größerer Sohlenneigung führt die folgende Überlegung zu einer Näherungsformel für die Berechnung des Durchflusses. Im Punkte P (Abb. 46a), der von der undurchlässigen Schicht den Abstand z besitzt, sei das Gefälle $\sin \beta$ des Grundwasserspiegels aus Beobachtungen in zwei

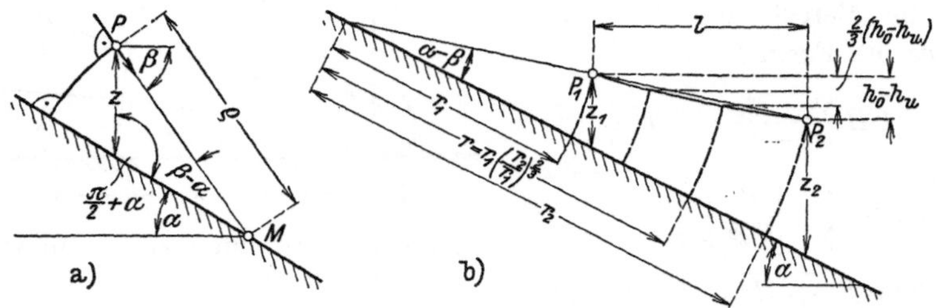

Abb. 46. Ungleichförmige Strömung bei freier Oberfläche.

hintereinanderliegenden Bohrlöchern bekannt. Die Oberflächengeschwindigkeit hat an dieser Stelle die Größe $V_0 = k \sin \beta$ und der gekrümmte Fließquerschnitt durch den Punkt P muß zur Oberfläche und zur Sohle normal stehen. Für eine genaue Bestimmung des Durchflusses sind z und β allein unzureichend, es müßten hierfür auch die Randniveaulinien des Bereiches bekannt sein. Ein wahrscheinlicher Wert für den Durchfluß ergibt sich aus der Annahme, daß der Querschnitt durch P mit dem Kreisbogenstück um den Punkt M zusammenfällt und daß die Geschwindigkeit in diesem Querschnitt gleich ist der Oberflächengeschwindigkeit. Mit den Bezeichnungen in Abb. 46 gilt demnach näherungsweise für den Durchfluß die Beziehung

$$q \doteq (\alpha - \beta) \, \varrho \, k \sin \beta = (\alpha - \beta) \frac{z \cos \alpha}{\sin (\alpha - \beta)} k \sin \beta, \qquad (68)$$

die auch bei $\beta > \alpha$ anwendbar ist.

Sind im waagrechten Abstande l zwei Punkte P_1 und P_2 des Grundwasserspiegels durch die Werte z_1 und z_2 gegeben (Abb. 46b), und ist die Tiefe des Grundwasserstromes so groß, daß die von der Krümmung des

---

[1] Siehe S. 27 und 31.

Grundwasserspiegels herrührende Tiefenänderung dagegen zu vernachlässigen ist, dann kann unter der Annahme kreisbogenförmiger Niveaulinien durch P_1 und P_2 der Durchfluß wie bei einer geradlinigen Filterbewegung berechnet werden. Mit den Bezeichnungen in der Abbildung gibt die sinngemäße Anwendung der Gl. (16)

$$q \doteq k\,(h_0 - h_u)\,\frac{\alpha - \beta}{\ln r_2 - \ln r_1}.$$

Der tatsächliche Grundwasserspiegel zwischen den beiden Punkten ist nicht eben, sondern, entsprechend der ungleichförmigen Bewegung, gekrümmt. Seine wahrscheinliche Form kann, wie in der Abbildung angedeutet, auf Grund der Oberflächenbedingung zeichnerisch ermittelt werden. Die aufeinanderfolgenden Kreise entsprechen dort gleichem Niveauunterschied $\frac{h_0 - h_u}{3}$.

Eine vollständige Lösung für eine mögliche Grundwasserbewegung über geneigter undurchlässiger Schicht kann mit Hilfe einer Abbildung auf die Hodographenebene gefunden werden.[1] Die Bedeutung des Zusammenhanges zwischen dem Strömungsbild und seinem Hodographen für die analytische Lösung von Grundwasseraufgaben liegt darin, daß für gewisse Strömungsbilder in der z-Ebene die zugehörige Hodographenfigur in der w-Ebene aus Linien besteht, die sich einfacher als das Stromlinienbild der z-Ebene auf die ω-Ebene abbilden lassen. Erkennt man z. B. aus der Form des Gebietsrandes in der Hodographenfigur, daß diese mittels der Funktion $w = f_3(\omega)$ auf die ω-Ebene winkeltreu abbildbar ist, dann folgt aus (38)

$$dz = \frac{d\omega}{w} = \frac{d\omega}{f_3(\omega)} \quad \text{und weiter} \quad z = \int \frac{d\omega}{f_3(\omega)} + C = f_1(\omega).$$

Damit ist die Aufgabe aber analytisch gelöst, denn aus

$$z = x + i\,y = f_1(\omega) = f_1(\varphi + i\,\psi)$$

können die Niveau- und Stromfunktion φ und ψ für die Bewegung in der z-Ebene berechnet werden.

Die Durchführung dieses Verfahrens kann sehr einfach sein, wenn der Strömungsbereich nur von geradlinigen festen Rändern und einer freien Oberfläche begrenzt ist, denn unter dieser Voraussetzung bestehen die Grenzen des Strömungsbereiches in der Hodographenfigur nur aus Geraden und Kreisbogen und sind daher einer konformen Abbildung auf die ω-Ebene verhältnismäßig einfacher zugänglich. So ist insbesondere der Hodograph einer geraden Randstromlinie ein Stück des zu dieser Stromlinie parallelen Polstrahles und eine gerade Niveaulinie stellt sich

[1] A. Baranoff: Über die Lösung von Grundwasseraufgaben mit freier Oberfläche. University Research Institute, Shanghai. 1934. (In englischer Sprache.) — J. Koženy: Grundwasserstudie, Drainstrangentfernung. Wasserwirtsch., H. 10. Wien. 1931. Siehe auch S. 53.

in der Hodographenfigur als ein Teil des zu dieser Niveaulinie normalen Polstrahles dar. Der Hodograph jeder freien Oberfläche ist ein Teil jenes Kreises, dessen oberster Punkt durch den Ursprung der w-Ebene geht und dessen Durchmesser gleich ist der Durchlässigkeit k, denn die Endpunkte der Geschwindigkeitsvektoren einer freien Oberfläche (Abb. 20c) liegen, wenn man sie vom Ursprung aus aufträgt, auf diesem Kreis. Schließlich ist der Hodograph jeder geraden Sickerlinie ein Teil jener Geraden, die zur Sickerlinie normal gerichtet ist und durch den untersten Punkt dieses Kreises geht, weil nur dann die für die Sickerlinie geltende

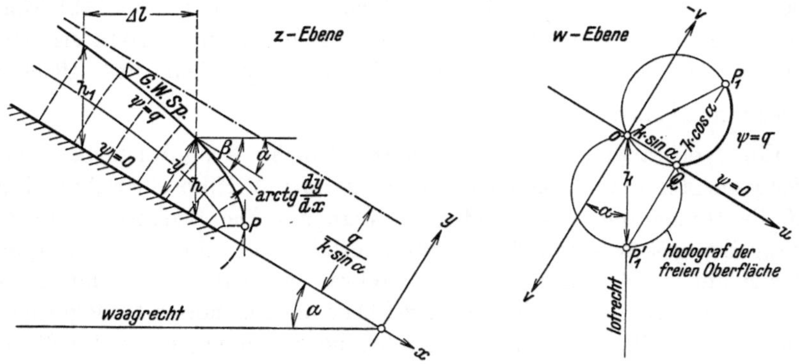

Abb. 47. Grundwasserstrom über geneigter Sohle.

Randbedingung (33) für alle Punkte erfüllt ist. Dieser Sachverhalt ist von grundlegender Bedeutung für eine Reihe analytischer Lösungen und ermöglicht mitunter eine einfache Erklärung für das eigenartige Verhalten der Geschwindigkeit in der Umgebung sogenannter singulärer Stellen des Strömungsbereiches. Im folgenden wird die Anwendung des Verfahrens an einigen einfachen Beispielen gezeigt.

Für einen Grundwasserstrom (Abb. 47) über der unter dem Winkel α geneigten undurchlässigen Schicht ist rechts der Hodograph zu den beiden Randstromlinien und deren konforme Abbildung auf die w-Ebene, dargestellt. Die undurchlässige Schicht, das ist die x-Achse der z-Ebene geht bei der Abbildung in die u-Achse der w-Ebene über, und das Bild der freien Oberfläche ist ein Teil des Kreises $O\,P_1 Q$, der zum Hodographenkreis $O\,P_1{}'Q$ in bezug auf die u-Achse symmetrisch liegt. Die Aufgabe besteht nun darin, eine Abbildungsfunktion zu finden, durch die zwei achsenparallele Gerade $\psi =$ konst. der ω-Ebene in die u-Achse bzw. in den Kreis $O\,P_1 Q$ der w-Ebene übergeführt werden. Eine mögliche Lösung hierfür bildet die aus anderen Anwendungen[1] in der Hydraulik bekannte

[1] W. Kaufmann: Hydromechanik, I. Bd., S. 140. — G. Holzmüller: Einführung in die Theorie der isogonalen Verwandtschaften und der konformen Abbildungen. S. 243.

Bewegung von einer Quelle in Q zu einer gleich ergiebigen Senke in O, deren Strömungsbild aus der Abbildungsfunktion

$$\omega = \frac{q}{\alpha} \ln \frac{w - k \sin \alpha}{w} \tag{69}$$

hergeleitet werden kann. An Hand dieser Gleichung kann man sich überzeugen, daß die achsenparallelen Geraden $\psi = 0$ und $\psi = q$ der ω-Ebene in die u-Achse und in den Kreis $O P_1 Q$ der w-Ebene übergeführt werden. Auch die übrigen Stromlinien und die Niveaulinien dieser Strömung in der w-Ebene bestehen aus Kreisen.

Wendet man das vorhin beschriebene Verfahren auf die Gl. (69) an, dann ist zunächst

$$w = \frac{k \sin \alpha}{1 - e^{\frac{a\omega}{q}}} \text{ und daher } z = \frac{1}{k \sin \alpha} \int \left(1 - e^{\frac{a\omega}{q}}\right) d\omega =$$

$$= \frac{1}{k \,.\, \sin \alpha} \left(\omega - \frac{q}{\alpha}\right) e^{\frac{a\omega}{q}}.$$

Mit $z = x + i\,y$ und $\omega = \varphi + i\,\psi$ wird hieraus

$$x + i\,y = \frac{\varphi}{k \sin \alpha} + \frac{i\,\psi}{k \sin \alpha} - \frac{q}{\alpha\, k \sin \alpha} e^{\frac{a\varphi}{q}} \left(\cos \frac{\alpha\,\psi}{q} + i \sin \frac{\alpha\,\psi}{q}\right).$$

Die Trennung des Reellen vom Imaginären führt schließlich auf

$$x\, k \sin \alpha = \varphi - \frac{q}{\alpha} e^{\frac{a\varphi}{q}} \cos \frac{\alpha\,\psi}{q} \text{ und } y\, k \sin \alpha = \psi - \frac{q}{\alpha} e^{\frac{a\varphi}{q}} \sin \frac{\alpha\,\psi}{q}, \tag{70}$$

womit die Niveau- und Stromlinien φ und ψ für die Bewegung in der z-Ebene dargestellt sind. Da die Stromfunktion längs der undurchlässigen Schicht den Wert $\psi = 0$ und längs der freien Oberfläche den Wert $\psi = q$ besitzt, stellt die Konstante q in der Abbildungsfunktion (69) den Gesamtdurchfluß zwischen diesen beiden Randstromlinien dar. Ersetzt man in dem Gleichungspaar (70) ψ durch q, dann bilden

$$x\, k \sin \alpha = \varphi - \frac{q}{\alpha} e^{\frac{a\varphi}{q}} \cos \alpha \text{ und } y\, k \sin \alpha = q - \frac{q}{\alpha} e^{\frac{a\varphi}{q}} \sin \alpha \tag{71}$$

die Gleichungen der freien Oberfläche mit der Niveaufunktion φ als Parameter. Die freie Oberfläche ist eine logarithmische Linie mit einer zur undurchlässigen Schicht parallelen Asymptote im Abstande $\frac{q}{k \sin \alpha}$, deren Lage dem Grundwasserspiegel bei gleichförmigem Abfluß derselben Wassermenge q entspricht.

Die Anwendbarkeit des theoretischen Strömungsbildes auf die Bewegung eines Grundwasserstromes ist dadurch beschränkt, daß das Oberflächengefälle höchstens den Wert eins annehmen kann. Dieser Grenzwert wird im Punkte P erreicht, der den Punkten P_1 bzw. P_1' der w-Ebene entspricht.

Da dem Quellpunkte Q der w-Ebene der unendlich ferne Punkt $x = -\infty$ der z-Ebene entspricht, ist das Kreisbogenstück $Q P_1$ die Abbildung des ganzen Grundwasserspiegels zwischen $x = -\infty$ und dem Punkte P. Im übrigen ist die praktische Brauchbarkeit der theoretischen Ergebnisse wie beim Grundwasserstrom über waagrechter Sohle an die Voraussetzung geknüpft, daß für den jeweils zu untersuchenden Stromabschnitt die Randniveaulinien mit jenen des theoretischen Strömungsbildes hinreichend genau übereinstimmen. Sind dann außer dem Neigungswinkel α der undurchlässigen Schicht die Grundwassertiefen h und h_1 im waagrechten Abstande Δl gegeben, so kann durch sinngemäße Anwendung der Gln. (36) und (71) der Durchfluß bestimmt werden.

Einfacher gestaltet sich die Durchflußberechnung, wenn an einer Stelle des Grundwasserstromes dessen Tiefe h und der Neigungswinkel β der Oberfläche gegen die Waagrechte bekannt sind. Wie aus der Abbildung zu entnehmen ist, kann für diesen Winkel

$$\beta = \alpha + \operatorname{arc\,tg} \frac{dy}{dx} \tag{72}$$

geschrieben werden. Der Differentialquotient hierin ist aus den Gl. (71) für die freie Oberfläche berechenbar und beträgt an der Stelle $h = \frac{y}{\cos\alpha}$:

$$\frac{dy}{dx} = \left(\frac{dy}{d\varphi} : \frac{dx}{d\varphi}\right) = \frac{-\alpha \sin\alpha\,(q - h\,k \sin\alpha\cos\alpha)}{q\sin\alpha - \alpha\cos\alpha\,(q - h\,k\sin\alpha\cos\alpha)}. \tag{73}$$

Die Verbindung der beiden Gln. (72) und (73) führt nach einigen Umrechnungen auf die Beziehung

$$q = \frac{\alpha\,.\,k\,.\,h \operatorname{tg}\beta \sin\alpha\cos\alpha}{\sin^2\alpha + \operatorname{tg}\beta\,(\alpha - \sin\alpha\cos\alpha)} \tag{74}$$

zur Berechnung des Durchflusses.

Je geringer der Unterschied zwischen den Winkeln α und β, desto größer ist die Übereinstimmung zwischen den Ergebnissen nach (74) und (67).

Strömung über eine lotrechte Wand.

Sind eine Quelle O und eine gleich ergiebige Senke S derart in der w-Ebene angeordnet, daß die Quelle im Ursprung und die Senke im Abstande k auf der negativen, lotrechten v-Achse liegen (Abb. 48), dann ist das aus Kreisen bestehende Strömungsbild in der w-Ebene die konforme Abbildung der achsenparallelen Geraden der ω-Ebene und die Abbildungsfunktion lautet

$$\omega = \frac{2q}{\pi} \ln \frac{w}{w - i\,k}. \tag{75}$$

Daraus folgt zunächst

$$w = \frac{i\,k\,e^{\frac{\pi\omega}{2q}}}{e^{\frac{\pi\omega}{2q}} - 1} \quad \text{und weiter} \quad z = \int \frac{d\omega}{w} = \frac{\omega}{i\,k} + \frac{2q}{i\,\pi\,k}\, e^{-\frac{\pi\omega}{2q}}.$$

Nach Einführung der komplexen Argumente für z und ω und Trennung des Reellen vom Imaginären ergeben sich für das entsprechende Strömungsbild in der z-Ebene die Gleichungen

$$x = \frac{\psi}{k} - \frac{2q}{\pi k} e^{\frac{-\pi\varphi}{2q}} \sin\frac{\pi\psi}{2q} \quad \text{und} \quad y = -\frac{\varphi}{k} - \frac{2q}{\pi k} e^{\frac{-\pi\varphi}{2q}} \cos\frac{\pi\psi}{2q}. \tag{76}$$

Die freie Oberfläche der Grundwasserströmung ist wieder die Abbildung des Kreises durch die Punkte O und S und mit Hilfe der Gl. (75)

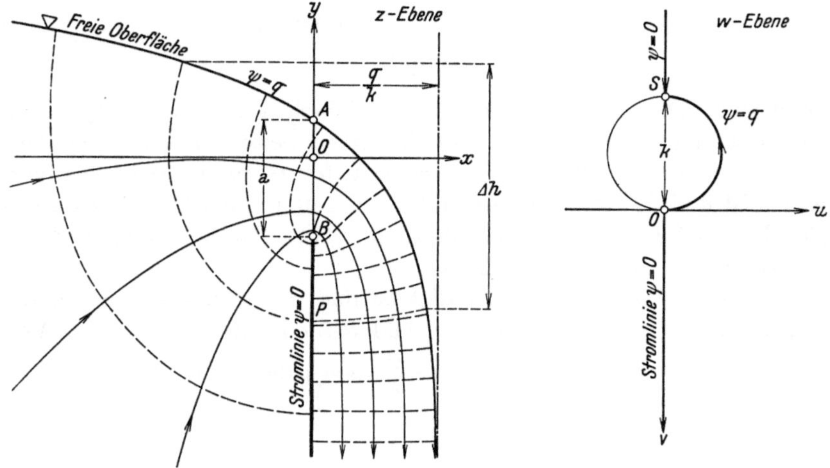

Abb. 48. Strömung über eine lotrechte Wand.

läßt sich nachweisen, daß längs dieses Kreises und somit auch längs der freien Oberfläche die Stromfunktion den Wert $\psi = q$ annimmt. Führt man diesen Wert in (76) ein, so erhält man für die freie Oberfläche die Gleichung

$$x = \frac{q}{k} - \frac{2q}{\pi k} e^{\frac{\pi k}{2q} y}. \tag{77}$$

Hieraus ist zu entnehmen, daß der Grundwasserspiegel eine lotrechte Asymptote im Achsabstande $x = \frac{q}{k}$ besitzt.

Die mit der v-Achse zusammenfallende Stromlinie in der w-Ebene, die, von der Quelle O ausgehend, ins Unendliche und von dort zur Senke S führt, geht bei der Abbildung in die y-Achse der z-Ebene über und die Stromfunktion hat längs dieser Geraden den Wert $\psi = 0$. Die Konstante q in (75) stellt somit den Gesamtdurchfluß zwischen den beiden Randstromlinien — freie Oberfläche und lotrechte Wand — dar. Den Punkten O und S der w-Ebene entsprechen die unendlich fernen Punkte der z-Ebene, und der Punkt $v = \pm\infty$ der w-Ebene ist im Punkte B abgebildet, der das obere Ende der mit der y-Achse zusammenfallenden lotrechten Wand darstellt. Seine Ordinate $\overline{OB} = \frac{2q}{\pi k}$ ergibt sich aus der zweiten der Gln. (76), wenn hierin $\psi = 0$ gesetzt und dann der Größtwert von y bestimmt wird. Da zufolge (77) der Oberflächenpunkt A die Ordinate $\overline{OA} = \frac{2q}{\pi k} \ln \frac{\pi}{2}$ besitzt, liegt dieser Punkt um das Maß $\overline{AB} = a = \frac{2q}{\pi k}\left(1 + \ln \frac{\pi}{2}\right)$ über der Überfallkante. Bei bekannter Überströmungshöhe a läßt sich daher der Durchfluß aus der Formel

$$q = \frac{\pi k a}{2\left(1 + \ln \frac{\pi}{2}\right)} = 1{,}083\, k a$$

berechnen.[1] Die Anwendbarkeit dieser einfachen Beziehung ist an die Voraussetzung gebunden, daß auf der einen Seite der Wand ein ausgedehntes und vor allem entsprechend tiefes Grundwasserbecken vorhanden ist und daß auf der anderen Seite der ursprüngliche Grundwasserspiegel so tief liegt, daß eine nahezu lotrechte Parallelbewegung längs der Wand zustande kommen kann.

Die Verteilung der Geschwindigkeit und des Druckes kann in der üblichen Weise aus dem Strömungsbild entnommen werden. Der Verlauf der Standrohrspiegelhöhen $h = \frac{\varphi}{k}$ längs der Wand folgt aus (76) mit $\psi = 0$:

$$y = -h - \frac{2q}{\pi k} e^{\frac{-\pi k}{2q} h}.$$

Diese Gleichung liefert für jedes $y < -\frac{2q}{\pi k}$, also für jeden Punkt der Wand, zwei Werte von h, und deren Unterschied Δh (Abb. 48) ist gleich dem bei der Umströmung herrschenden Druckhöhenunterschied zu beiden Seiten der Wand.

Versickerung aus Gerinnen.

Verläuft ein Gerinne in durchlässigem Material und besteht längs des benetzten Gerinneumfanges weder eine künstliche noch eine natürliche Abdichtung, dann muß, falls der Grundwasserspiegel im angrenzenden Gelände tiefer liegt als der Wasserspiegel im Gerinne, das Wasser aus diesem in den Boden eindringen. Betrachtet man die Fortbewegung dieses Wassers im Boden, so ist zunächst nur unmittelbar nach der Füllung des Gerinnes die Bewegung in Form eines geschlossenen Grundwasserkörpers möglich, und zwar so lange, als der durch die Wassertiefe im Gerinne gekennzeichnete Überdruck das Wasser mit hinreichender Geschwindigkeit in den Boden preßt. Mit zunehmender Länge der einzelnen Stromfäden wird das für die Filtergeschwindigkeit maßgebende

[1] A. Baranoff: a. a. O.

relative Gefälle immer kleiner, bis schließlich die Auflösung des geschlossenen Grundwasserkörpers erfolgt und das Wasser unter der Wirkung seines Gewichtes und der Kapillarkräfte langsam absinkt, die Bodenluft dabei allmählich verdrängend. Die Dauer dieses nichtstationären Zustandes, während dessen die in den Boden eindringende Wassermenge ständig abnimmt, ist, abgesehen von der Bodenstruktur, hauptsächlich von der Entfernung des Gerinnes von der undurchlässigen Schicht oder vom Wasserspiegel eines über der undurchlässigen Schicht bereits vorhandenen Grundwasserstromes abhängig. Ist diese Entfernung sehr groß, dann wird, bevor sich noch von unten die Stauwirkung äußern kann, der geschlossene Grundwasserstrom vom Gerinne bis in jene Tiefe vorgedrungen sein, in der die Filterbewegung praktisch als lotrecht betrachtet werden kann. Es liegt dann für die Versickerng aus dem Gerinne ein Beharrungszustand vor, der einer verhältnismäßig einfachen theoretischen Behandlung zugänglich ist.

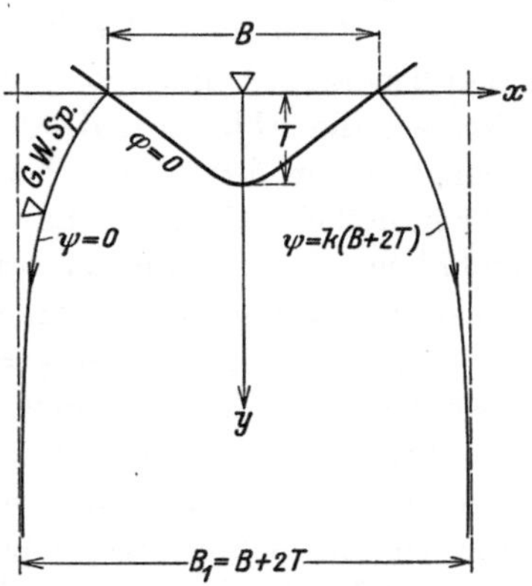

Abb. 49. Versickerung in große Tiefe.

Für einen schalenförmigen Gerinnequerschnitt von der Breite B und der Tiefe T (Abb. 49) läßt sich das Strömungsbild mit Hilfe der Abbildungsfunktion

$$z = -T e^{\frac{-\pi\omega}{k(B+2T)}} + \frac{i\omega}{k} + \frac{B}{2} + T$$

darstellen.[1] Ersetzt man hierin z durch $x + iy$ und ω durch $\varphi + i\psi$ und trennt wieder Reelles vom Imaginären, so folgt hieraus das Gleichungspaar

$$\left.\begin{aligned} x &= -T e^{\frac{-\pi\varphi}{k(B+2T)}} \cos\frac{\pi\psi}{k(B+2T)} - \frac{\psi}{k} + \frac{B}{2} + T \\ y &= +T e^{\frac{-\pi\varphi}{k(B+2T)}} \sin\frac{\pi\varphi}{k(B+2T)} + \frac{\varphi}{k}. \end{aligned}\right\} \quad (78)$$

Es ist dies bereits die implizite Darstellung der Niveaufunktion φ und der Stromfunktion ψ für die Filterbewegung, so daß an Stelle von φ auch die k-fache Standrohrspiegelhöhe und an Stelle von ψ der Durchfluß gesetzt werden könnte.

Unter allen Linien der Systeme φ und ψ sind die Niveaulinie $\varphi = 0$

[1] Siehe S. 89, Fußnote 1, und V. V. WEDERNIKOW: Versickerungen aus Kanälen. Wasserkr. u. Wasserwirtsch., H. 11 bis 13. München. 1934. Mathem. Grundlagen hierzu: W. F. OSGOOD: Funktionentheorie, I. Bd., 2. Aufl., S. 416f. Berlin und Leipzig. 1912.

und die beiden Stromlinien $\psi = 0$ und $\psi = k\,(B + 2\,T)$ dadurch ausgezeichnet, daß sie als Bereichgrenzen der vorliegenden Grundwasserströmung betrachtet werden können. Führt man in den Gln. (78) für φ den Wert Null ein, so folgt zunächst

$$x = -T\cos\frac{\pi\,\psi}{k\,(B+2T)} - \frac{\psi}{k} + \frac{B}{2} + T \quad \text{und} \quad y = T\sin\frac{\pi\,\psi}{k\,(B+2T)}, \qquad (79)$$

und weiter, nach Ausscheidung des Parameters ψ,

$$x = \frac{B+2T}{2} - \sqrt{T^2 - y^2} - \frac{B+2T}{\pi}\arcsin\frac{y}{T}$$

als die Gleichung der Niveaulinie $\varphi = 0$. Diese Niveaulinie stellt den benetzten Umfang des schalenförmigen Gerinnes dar, und ihr Verlauf ist, wie die Abb. 49 und 50 zeigen, für Werte $B > 2\,T$ nur wenig verschieden von den in der Praxis häufig verwendeten Querschnittsformen für künstliche Gerinne. Es bilden daher die folgenden theoretischen Ergebnisse im wesentlichen brauchbare Näherungslösungen für die Versickerung aus solchen Gerinnen.

Längs der Stromlinien $\psi = 0$ und $\psi = k\,(B + 2\,T)$ wird, wie aus der zweiten der Gln. (78) folgt, die Niveaufunktion $\varphi = k\,.\,y$. Weil die Funktion φ aber auch gleich ist dem Geschwindigkeitspotential $k\,.\,h$ der Grundwasserströmung, so ist längs dieser beiden Linien $y = h$, also die Oberflächenbedingung erfüllt. Die Stromlinien $\psi = 0$ und $\psi = k.$ $(B + 2\,T)$ sind also freie Oberflächen und daher die Randstromlinien des Bereiches. Der Unterschied der Stromfunktionswerte ψ stellt aber den Durchfluß dar, so daß unter den eingangs erwähnten Voraussetzungen die sekundlich in den Boden eindringende Wassermenge

$$q = k\,(B + 2\,T)$$

beträgt. Es ist dies der untere Grenzwert, dem die Sickerwassermenge während des nichtstationären Übergangszustandes zustrebt.

Die Form der beiden Randstromlinien folgt aus (78), wenn hierin $\varphi = k\,.\,y$ und $\psi = 0$ bzw. q gesetzt wird. Nach einigen Umformungen ergibt dies die Gleichungen

$$y = \frac{q}{\pi k}\ln\frac{T}{\dfrac{q}{2k} - x} \quad \text{und} \quad y = \frac{q}{\pi k}\ln\frac{T}{\dfrac{q}{2k} + x}.$$

Es sind dies zwei zur y-Achse symmetrisch gelegene, logarithmische Linien mit lotrechten Asymptoten vom Achsabstande $x = \pm\frac{q}{2k} =$ $= \pm\left(\frac{B}{2} + T\right)$. Der Abstand $B_1 = B + 2\,T$ dieser beiden Asymptoten stellt demnach die Breite dar, die der versickernde Grundwasserstrom in großer Tiefe unter dem Gerinne annehmen wird. Dort ist die Filterbewegung lotrecht und gleichförmig und die Filtergeschwindigkeit ist, dem Standrohrspiegelgefälle eins entsprechend, gleich der Durchlässigkeit.

Beachtenswert ist der Verlauf der Einströmgeschwindigkeit längs des Gerinneumfanges. Bildet man die erste Ableitung der Niveaufunktion φ in Richtung der Strömung und setzt dann hierin für φ den dem benetzten Umfang entsprechenden Wert Null, so folgt für die Einströmgeschwindigkeit die Beziehung

$$V = \frac{k}{\sqrt{1 + \left(\frac{\pi T}{B + 2T}\right)^2 - \frac{2\pi T}{B + 2T} \sin \frac{\pi \psi}{k(B + 2T)}}}.$$

Der Zusammenhang zwischen ψ und den Koordinaten x und y des Umfanges ist durch die Gln. (79) gegeben. In der Abb. 50 ist für die drei Anordnungen $B = 2\,T$, $3\,T$ und $10\,T$ die Form des Strömungsbereiches und die Verteilung der Einströmgeschwindigkeit dargestellt. Aus dem

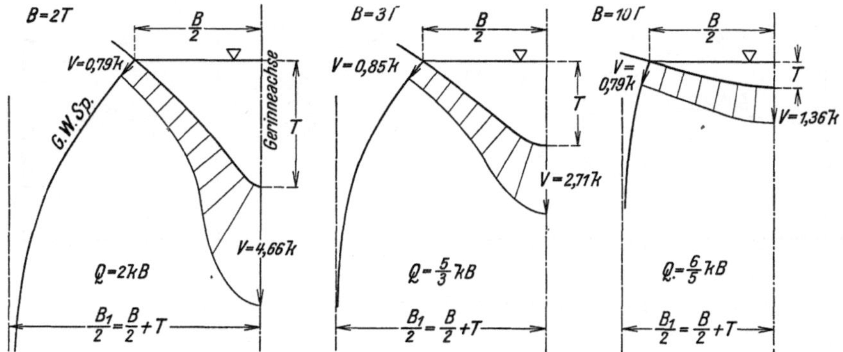

Abb. 50. Einfluß der Gerinneform auf die Versickerung in große Tiefe.

Verlauf dieser Linien ist zu entnehmen, daß bei der Versickerung in sehr große Tiefe die Form des Gerinnes auf die Art und Größe der Versickerung von maßgebendem Einfluß ist.

Liegt die undurchlässige Schicht oder ein bereits vorhandener Grundwasserspiegel nicht sehr tief unter dem Gerinne, dann wird der stationäre Endzustand der Versickerung früher erreicht werden, und das zugehörige Strömungsbild wird außer von der Gerinneform und der Oberflächenbedingung auch von den übrigen Randbedingungen, wie Höhenlage der undurchlässigen Schicht und etwa der unveränderlichen Lage des Grundwasserspiegels in gegebener Entfernung abhängig sein (Abb. 51). Genaue analytische Lösungen liegen hierfür nicht vor und wären voraussichtlich praktisch auch nicht brauchbar. Dagegen sind, wie an den zwei folgenden Beispielen gezeigt wird, für eine Reihe praktisch möglicher Anordnungen hinreichend genaue Näherungslösungen vorhanden.[1]

[1] K. v. Terzaghi: Sickerverluste aus Kanälen. Wasserwirtsch., H. 18/19. Wien. 1930. — R. Dachler: Über die Versickerung aus Kanälen. Wasserwirtsch. H. 9. Wien. 1933.

Liegt die Sohle und ein Teil der Böschung in undurchlässigem Material (Abb. 51a) und ist außer dem Wasseranschlagpunkt A vom Grundwasserspiegel noch ein zweiter Punkt, etwa P, bekannt, unter dem die Filterbewegung nahezu waagrecht erfolgt, dann kann nach Zerlegung des Strömungsbereiches in die beiden Teilgebiete I und II der Durchfluß mit Hilfe der Näherungsformeln (61) und (65) berechnet werden. Die drei Gleichungen

$$q = k \,.\, \Delta h \left(1{,}12 + 1{,}93 \operatorname{tg} \frac{\alpha}{2}\right) = k \frac{y_2^2 - y_1^2}{2L}, \quad (y_2 + \Delta h) = H$$

genügen zur Bestimmung der drei Unbekannten Δh, y_2 und q.

Liegt die undurchlässige Schicht in mäßiger Entfernung unter der Gerinnesohle (Abb. 51b) und ist wieder ein zweiter Punkt des Grund-

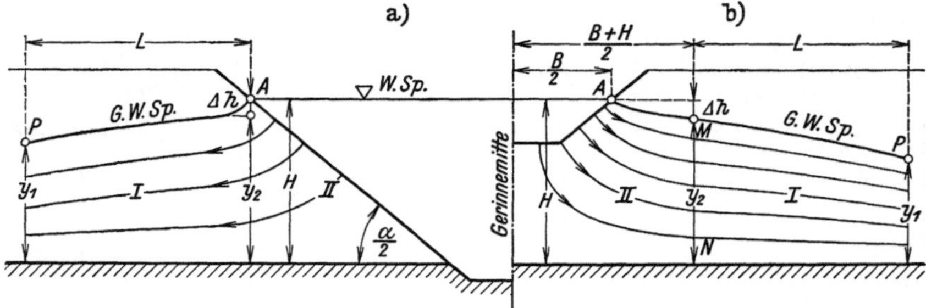

Abb. 51. Versickerung in geringe Tiefe.

wasserspiegels, etwa der Punkt P, bekannt, dann empfiehlt sich die Zerlegung in solche Teilbereiche, für die Näherungslösungen aufstellbar sind. Als solche kommen in Betracht der Teilbereich I, in dem nahezu waagrechte Parallelbewegung vorliegt, und der Teilbereich II, in dem die Stromlinien aus der schrägen oder lotrechten Richtung am Gerinneumfang in die nahezu waagrechte Richtung längs der Trennungslinie MN der beiden Teilgebiete umgelenkt werden. Die Länge des Abschnittes, in dem diese Umlenkung vor sich geht, ist von den Abmessungen des Gerinnes und von der Lage der undurchlässigen Schicht abhängig. Um trotz der großen Mannigfaltigkeit in der Querschnittsform der Gerinne und deren Höhenlage im Grundwasserträger doch zu einem allgemein brauchbaren Ergebnis zu gelangen, ist es zweckmäßig, alle nicht außergewöhnlichen Querschnittsformen je nach dem Verhältnis der Wasserspiegelbreite B zur Länge des benetzten Umfanges U in *tiefe* und *flache* Querschnitte einzuteilen. Als Grenze eignet sich das Verhältnis $B : U = 0{,}9$, so daß Querschnitte mit $B < 0{,}9\, U$ als tiefe und solche mit $B > 0{,}9\, U$ als flache Querschnitte bezeichnet werden. Die Querschnittsform wird also durch Einteilung in eine der beiden Gruppen und Angabe der Wasserspiegelbreite B gekennzeichnet. Unter dieser Voraussetzung kann für die Länge des Teilgebietes II der Wert $\frac{B+H}{2}$ gewählt werden, weil in dieser Entfernung von der Gerinneachse die Stromlinien bereits so weit in die waagrechte Richtung umgelenkt sind, daß im Sinne der Annahme von DUPUIT das Oberflächengefälle für die Geschwindigkeit im lotrechten Schnitt maßgebend ist. Das Strömungsbild und der Durchfluß durch den Bereich I der Abb. 51 b kann daher als erledigt betrachtet werden.

Für das Teilgebiet II können mit Hilfe der Abbildungsfunktion

$$\omega = \ln\left(\mathfrak{Sin}\, z + \sqrt{\mathfrak{Sin}^2 z - \mathfrak{Sin}^2 F}\right)$$

Strömungsbilder entwickelt werden, die den Randbedingungen dieses Bereiches in der Hauptsache entsprechen (Abb. 52). So sind insbesondere die Gerinneachse und die undurchlässige Schicht auch Stromlinien im theoretischen Strömungsbild, und die übrigen durch die Punkte A und M gehenden Bereichgrenzen sind von deren tatsächlicher Lage nur wenig verschieden. Man kann daher, obwohl die Oberflächenbedingung längs AM nicht streng eingehalten ist, aus diesen theoretischen Strömungsbildern unter Anwendung des in der Gl. (36) gegebenen Zusammenhangs einen brauchbaren Näherungswert für den Formfaktor dieses Gebietes ableiten.

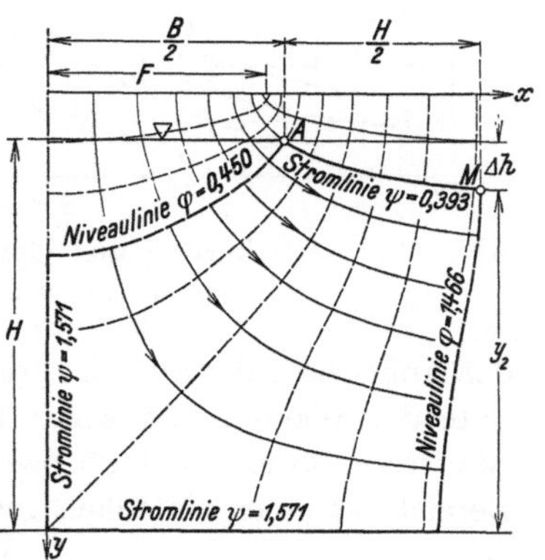

Abb. 52. Strömungsbild bei der Versickerung in geringe Tiefe.

Da für jeden Wert der Konstanten F die Durchführung der konformen Abbildung ein anderes Strömungsbild von der in der Abb. 52 dargestellten Art liefert, und jedes dieser Strömungsbilder eine unbeschränkte Anzahl brauchbarer Strömungsbereiche in sich schließt, ist es nicht schwer, die Abhängigkeit des Formfaktors von den Hauptabmessungen des Bereiches zu ermitteln. Die Form des Strömungsbereiches in Abb. 52 ist beispielsweise durch die beiden Verhältniszahlen $y_2 : H$ und $B : H$ sowie durch die Angabe „tiefes Profil“ hinreichend genau gekennzeichnet, und der zugehörige Formfaktor ergibt sich aus den Randwerten der Strom- und Niveaufunktion und beträgt $f = \frac{1{,}571 - 0{,}393}{1{,}466 - 0{,}450} = 1{,}16$. Die Wiederholung dieses Vorganges an einer Reihe ausgewählter Gebiete solcher Abbildungen liefert für jede der beiden Querschnittsgruppen eine größere Anzahl von Wertverbindungen $\left(\frac{y_2}{H}, \frac{B}{H}, f\right)$, deren Zusammenhang für die praktische Anwendung durch die Kurvenschar Abb. 53 wiedergegeben ist.

Ist ein Teil des benetzten Umfanges, wie etwa die Seitenwand, künstlich abgedichtet, so daß das Wasser nur längs der Gerinnesohle in den Boden eindringen kann, dann muß das unmittelbar neben der Abdichtung eindringende Grundwasser wie in einem kommunizierenden Gefäß an

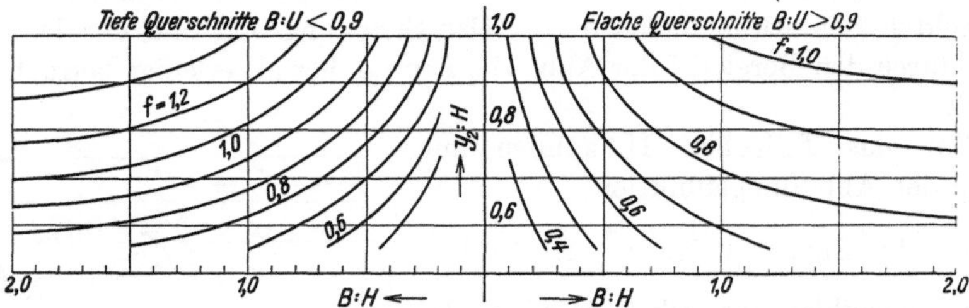

Abb. 53. Versickerung aus Gerinnen. Abhängigkeit des Formfaktors vom Gerinnequerschnitt und dessen Höhenlage.

der Außenseite der abdichtenden Wand aufsteigen (Abb. 54). Die Außenseite der Wand bildet somit bis zum Übergang in die freie Oberfläche eine feste Randstromlinie des Bereiches. Das Strömungsbild in diesem Bereich ist einer einfachen rechnerischen Behandlung nicht zugänglich. Dagegen können mit Hilfe der versuchstechnischen und der zeichnerischen Verfahren Näherungslösungen gefunden werden. Die aus solchen Gerinnen versickernde Wassermenge ist zwar geringer als bei Fehlen jeder Abdichtung, doch ist die Durchflußverminderung keineswegs verhältnisgleich mit der Verkürzung des Einströmquerschnittes.[1]

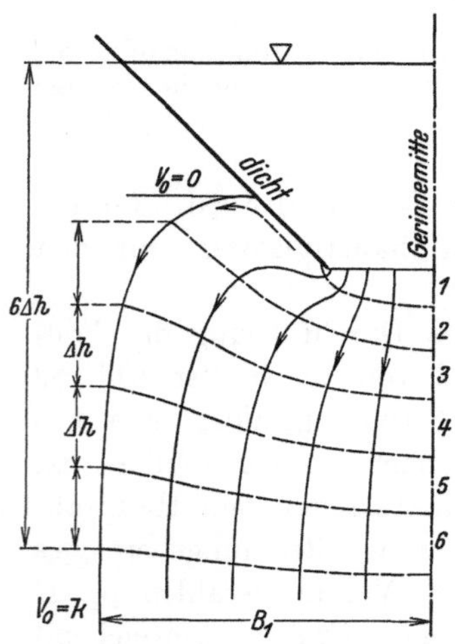

Abb. 54. Versickerung bei dichter Gerinnewand.

Strömung im Bereiche von Hangquellen.

Freie Wasseraustritte in Form sogenannter Hangquellen sind in der Natur häufig anzutreffen (Abb. 55), und es gibt nur wenige Grundwasserströmungen mit freier Oberfläche, die nicht an irgendeiner Stelle diese Erscheinung, wenn auch nur in verhältnismäßig geringen Ausmaßen zeigen. Da im Bereiche solcher Sickerwasseraustritte durch Grundbruch- und Erosionswirkung des austretenden und über den Hang abfließenden Wassers die Standsicherheit der Austrittsflächen (Böschungen) erfahrungsgemäß immer gefährdet wird, ist es nicht nur vom theoretischen, sondern

[1] Siehe S. 81.

auch vom bautechnischen Standpunkte von Interesse, den eigenartigen Strömungsvorgang bei solchen Hangquellen näher zu betrachten.

In der Abb. 56a ist ein mögliches Strömungsbild im Bereiche einer solchen Hangquelle dargestellt. Zufolge Gl. (32) beträgt die Filtergeschwindigkeit in jedem Punkte der freien Oberfläche

$$V_0 = k \sin \alpha_1$$

und in jedem Punkte der Sickerfläche ist nach Gl. (33) die in die Böschung fallende Geschwindigkeitskomponente

$$V_t = k \sin \alpha. \qquad (80)$$

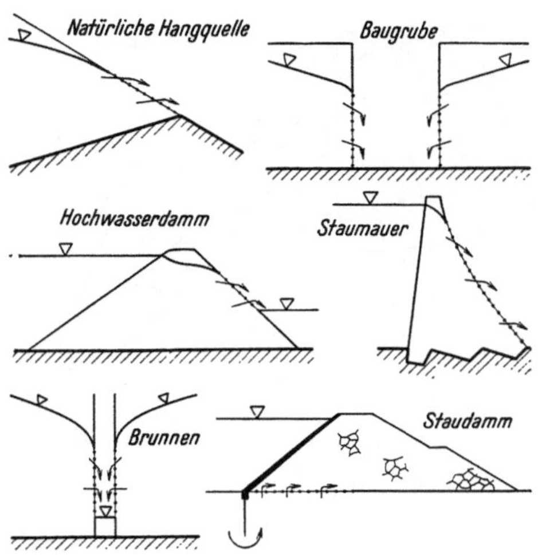

Abb. 55. Beispiele für das Vorkommen von Sickerflächen.

Der Endpunkt A der freien Oberfläche ist nun gleichzeitig ein Punkt der Hangquelle, so daß in diesem Punkte beide Bedingungen erfüllt sein müssen. Da aber in der Umgebung des Punktes A die Neigung der freien Oberfläche immer kleiner ist als die Böschungsneigung, kann beiden Bedingungen nur dann gleichzeitig entsprochen werden, wenn $\alpha = \alpha_1$ ist. Dies besagt aber, daß die freie Oberfläche des Grundwassers tangentiell in die Hangquelle übergeht und daher die Böschung immer *berührt*.[1]

Im Wasseranschlagpunkte B dagegen ist die Stromlinie normal gerichtet zur benetzten Böschung, weil diese eine Niveaulinie der Strömung ist. Der Richtungswechsel der Fließlinien vom tangentiellen Verlauf bei A zum normalen Verlauf bei B kann nur durch eine Hangquelle vermittelt werden, längs der das Grundwasser frei austritt. Die freie Oberfläche kann daher nie, also auch nicht bei sehr hoher Lage des Unterwasserspiegels, bis zum Wasseranschlagpunkt herunterreichen und zwischen der freien Oberfläche und dem Unterwasserspiegel muß immer ein, wenn auch nur sehr kurzes Stück einer Sickerlinie eingeschaltet sein.

Die Filtergeschwindigkeit in der freien Oberfläche erreicht im Endpunkte A ihren größtmöglichen Wert $k \sin \alpha$ und die Komponente V_n normal zur Böschung ist dort Null. Jede unterhalb der Oberfläche liegende Stromlinie *schneidet* die Böschung. Ist in einem Punkte der Hangquelle die Richtung der Filtergeschwindigkeit bekannt, dann ist

[1] P. Neményi: Wasserbauliche Strömungslehre. S. 196.

zufolge (80) auch ihre Größe sowie die für den Durchfluß durch die Böschung maßgebende Normalkomponente V_n bestimmbar.

Der Wasseranschlagpunkt B ist ebenfalls ein besonderer Punkt, denn er ist gleichzeitig ein Punkt der Hangquelle und ein Punkt der benetzten Böschung. Im Punkte der Hangquelle muß die Tangentialkomponente der Filtergeschwindigkeit gleich $k \sin \alpha$ sein, also einen bestimmten endlichen Wert besitzen. Im Punkte der benetzten Böschung verläuft die Stromlinie aber normal zur Böschung, so daß dort die Tangentialkomponente Null sein muß. Beide Bedingungen sind nur dann gleichzeitig erfüllbar, wenn die normal zur Böschung gerichtete Filtergeschwindigkeit im Wasseranschlagpunkte unendlich groß wird. Infolge der Wirkung der Trägheitskräfte erreicht die Geschwindigkeit dort zwar nur einen *endlichen* Größtwert, der aber doch durch örtliche Erosion den Anstoß zur Zerstörung der Böschung bilden kann.

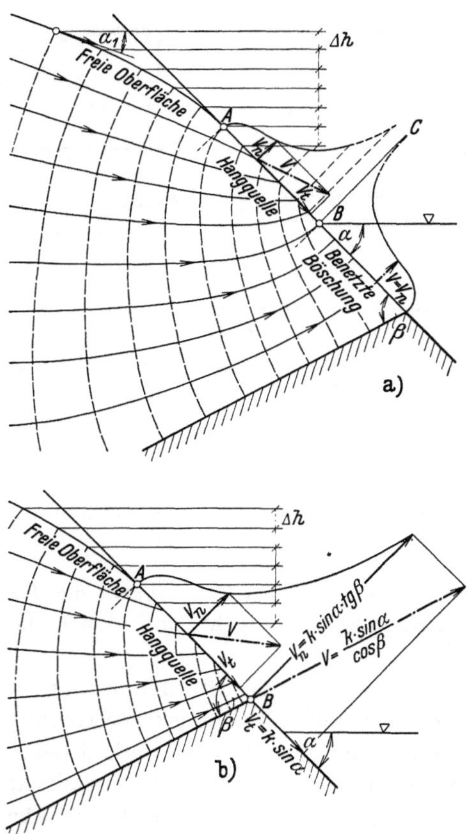

Abb. 56. Strömungsbilder bei Hangquellen.

Liegt der Unterwasserspiegel so tief (Abb. 56 b), daß längs der ganzen Böschung das Grundwasser frei austreten kann, dann ist auch im untersten Punkte der durchlässigen Böschung die Tangentialkomponente der Filtergeschwindigkeit $V_t = k \sin \alpha$. Wie sich aus dem Geschwindigkeitsdreieck ergibt, ist für $\beta < 90^0$ die Normalkomponente $V_n = k \sin \alpha \operatorname{tg} \beta$ und die Geschwindigkeit selbst ist $V = \frac{k \sin \alpha}{\cos \beta}$. Für $\beta \geqq 90^0$ werden V und V_n theoretisch unendlich groß.

Die analytische Lösung von Grundwasseraufgaben mit Sickerflächen ist sehr mühsam und kommt praktisch nicht in Frage.[1] Die große Be-

[1] Siehe S. 92, Fußnote 2.

deutung dieser Strömungsvorgänge für den Dammbau veranlaßte daher zur Aufstellung von Näherungsgleichungen, mit deren Hilfe die Höhe der Sickerfläche auf der Unterwasserseite durchlässiger Dämme bestimmt werden kann.

Ist die Dammböschung sehr flach und ist auch das Gefälle der Oberfläche klein, dann erfolgt die Bewegung nahezu waagrecht (Abb. 57a). Unter dieser Voraussetzung kann auf Grund der Annahme von DUPUIT der Durchfluß mit Hilfe der Gln. (22) und (65) bestimmt werden und beträgt hiernach:

$$q = k \cdot y_0 \cdot \operatorname{tg} \alpha = k \frac{h_0^2 - y_0^2}{2l}.$$

Mit $l = d - \frac{y_0}{\operatorname{tg} \alpha}$ folgt hieraus

$$y_0 = d \cdot \operatorname{tg} \alpha - \sqrt{d^2 \operatorname{tg}^2 \alpha - h_0^2},$$

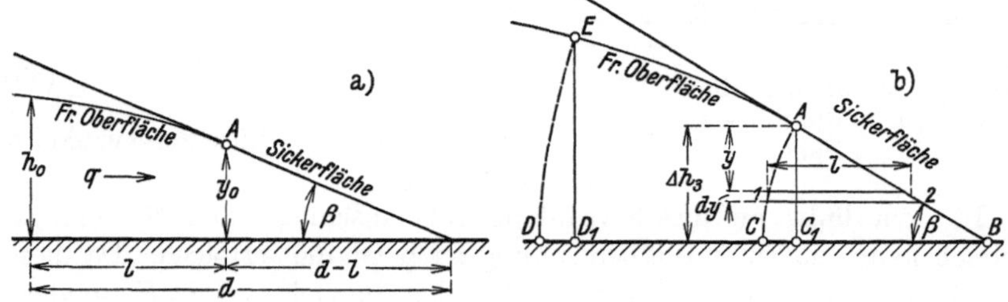

Abb. 57. Sickerfläche beim Wasseraustritt aus einer Böschung.

womit die Höhe der Sickerfläche näherungsweise berechnet werden kann.[1]

Für größere Spiegelgefälle und Böschungsneigungen bis zu etwa 45° können auf Grund der folgenden Überlegung der Verlauf der freien Oberfläche und die Höhe der Sickerfläche bestimmt werden. Im Teilgebiet ABC (Abb. 57b) erfolgt die Strömung nahezu waagrecht, so daß der Durchfluß durch jede der Lamellen 1 — 2

$$dq = k \cdot \frac{y}{l} \cdot dy \tag{81}$$

beträgt. Ersetzt man die Niveaulinie AC in Anpassung an die Ergebnisse

[1] TH. VAN ITERSON: Eenige theoretische beschouwingen over kwel. De Ingenieur, H. 33. 1916. — F. SCHAFFERNAK: Über die Standsicherheit durchlässiger, geschütteter Dämme. Allg. Bauztg., H. IV. Wien. 1917. — N. PAVLOVSKY: Der Durchfluß des Wassers durch Erddämme, Leningrad, 1931, und Ref. z. I. Int. Talsperrenkongreß, Stockholm, 1933. — G. GILBOY: Gespülte Dämme. Ref. Stockholm. 1933. — L. CASAGRANDE: Näherungsverfahren zur Ermittlung der Sickerung in geschütteten Dämmen auf undurchlässiger Sohle. Bautechn., H. 15. Berlin. 1934.

auf S. 90 durch eine Parabel mit dem Scheitel in C, so läßt sich die Lamellenlänge l als Funktion von β, Δh_3 und y, also durch

$$l = y\left(1 - \frac{y}{2\,\Delta h_3}\right)\operatorname{tg}\beta + y\operatorname{cotg}\beta$$

eindeutig darstellen und die Gl. (81) wird integrierbar. Es folgt zunächst für den Gesamtdurchfluß die Beziehung

$$q = -\,2\,k\,.\,\Delta h_3 \operatorname{cotg}\beta \ln\left(1 - \frac{\sin^2\beta}{2}\right),$$

die sich, sofern der Böschungswinkel kleiner ist als etwa 45°, durch Reihenentwicklung vereinfachen läßt zu

$$q = k\,\Delta h_3 \frac{\sin 2\beta}{2}.$$

Der Formfaktor des Teilgebietes ABC beträgt daher

$$f_3 = \frac{\sin 2\beta}{2} \tag{82}$$

und ist nur vom Böschungswinkel β abhängig.[1]

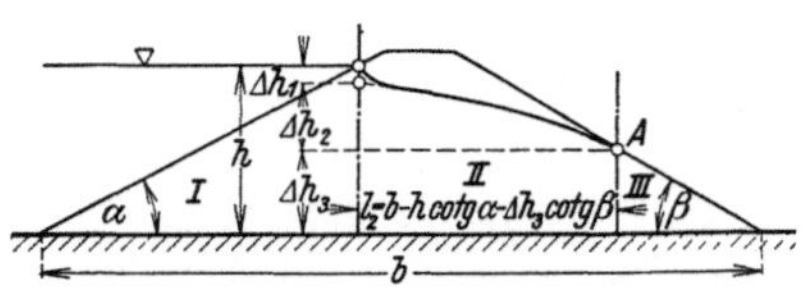

Abb. 58. Strömung durch einen Damm auf undurchlässiger Unterlage.

In dem links an die Niveaulinie AC anschließenden Strömungsbereich kann die Durchflußberechnung nach Gl. (65) erfolgen. Da diese Beziehung streng genommen nicht für den Bereich AC_1D_1E, sondern nur für das durch die parabelförmigen Niveaulinien begrenzte Gebiet $ACDE$ gilt, ist die Trennung der beiden Gebiete durch das Parabelstück AC gerechtfertigt.

Die Berechnung des Durchflusses und der Lage der freien Oberfläche in einem durchlässigen Damm kann durch Zerlegung des Strömungsgebietes in die drei Teilgebiete I, II und III und Anwendung der für diese Teilgebiete geltenden Näherungsformeln (60), (65) und (82) durchgeführt werden (Abb. 58). Für einen durch die Dammbasis b, die Böschungswinkel α und β und die Oberwasserhöhe h gekennzeichneten Fall stehen dann zur Berechnung des Durchflusses q und der den drei Teilgebieten entsprechenden Verlusthöhen Δh_1, Δh_2 und Δh_3 die folgenden vier Gleichungen

$$\begin{gathered}\frac{q}{k} = \Delta h_1\,(1{,}12 + 1{,}93\operatorname{tg}\alpha) = \Delta h_2\,\frac{\Delta h_2 + 2\,\Delta h_3}{2\,l_2} = \Delta h_3\,\frac{\sin 2\beta}{2},\\ h = \Delta h_1 + \Delta h_2 + \Delta h_3\end{gathered} \tag{83}$$

zur Verfügung. Die Berechnung wird zweckmäßig indirekt, durch eine Probeannahme hinsichtlich der Lage des Punktes A, erfolgen.

[1] R. Dachler: Über den Strömungsvorgang bei Hangquellen. Wasserwirtsch., H. 5/6. Wien. 1934.

2. Versuchstechnische Verfahren.

Zur versuchstechnischen Lösung von Grundwasseraufgaben können außer der Filterbewegung selbst, grundsätzlich alle jene Naturvorgänge Verwendung finden, die, wie die Ausbreitung der Wärme, der Elektrizität, des Magnetismus und unter gewissen Voraussetzungen auch die Bewegung einer zähen Flüssigkeit, von einem, dem Darcygesetz wenigstens formal gleichen Naturgesetz beherrscht werden. Neben dem Filterversuch haben sich für die praktische Durchführung die Verwendung des elektrodynamischen Gleichnisses und die zur Darstellung ebener Potentialbewegungen seit langem verwendete Bewegung zäher Flüssigkeiten in dünner Schicht als geeignet erwiesen.

Die versuchstechnische Bestimmung des Strömungsbildes einer Grundwasserbewegung stellt eine mechanische Integration der Differentialgleichung von LAPLACE dar. Das Ergebnis einer solchen Integration ist ebenso wie die mathematische Lösung dieser Differentialgleichung ausschließlich von der Form des Randes und den Bedingungen an seinen Grenzen abhängig. Allen Verfahren gemeinsam ist daher die geometrisch ähnliche Nachbildung des zu untersuchenden Strömungsbereiches einschließlich der Randbedingungen, wobei das Verkleinerungsmaß für diese Nachbildung, der sogenannte Modellmaßstab, im allgemeinen beliebig gewählt werden kann und nur durch die Forderung bestimmt wird, daß alle, für die vorliegende Aufgabe kennzeichnenden und praktisch wichtigen Zusammenhänge in der Modelldarstellung noch in meßbarer Weise zum Ausdruck kommen. Im folgenden wird die Durchführung der Verfahren und ihre spezielle Eignung zur Lösung der verschiedenen Aufgaben besprochen.

α) Der Filterversuch.

Beim Filterversuch wird ein der Grundwasserströmung dem Wesen nach gleicher Vorgang an einem verkleinerten Modell des Strömungsbereiches nachgebildet. Im Gegensatz zum allgemeinen Modellversuch der Hydraulik kommt beim Filterversuch mechanische Ähnlichkeit der Bewegungsvorgänge überhaupt nicht in Frage und die allein notwendige geometrische Ähnlichkeit der Strömungsvorgänge ist gewährleistet, wenn die Strömung durch das geometrisch ähnliche Modell unter den gleichen Randbedingungen erfolgt wie die Strömung im Naturvorgang.

Als Baustoff für solche Modelle eignen sich kohäsionslose, möglichst gleichkörnige, natürliche oder künstliche Feinsande aus beständigem Material, wie etwa Quarz, Porzellan, Glas. Die Korngröße des Sandes ist derart zu wählen, daß einerseits die Bewegung sicher nach dem Darcygesetz erfolgt und anderseits der störende Einfluß der Kapillarkraftwirkung[1] längs der freien Oberfläche möglichst gering ist. Bei einem Korndurchmesser von der Größenordnung eines Millimeters wird beiden Forderungen in den meisten Fällen entsprochen werden können. Die Verwendung des gleichen Materials wie im Naturvorgang ist zwar möglich, bietet aber keine Vorteile, weil das Material bei der Gewinnung und beim Einbau in die Versuchseinrichtung seine Dichte und Lagerung verändert und weil durch keinerlei künstliche Maßnahmen mit Sicherheit die ursprüngliche Durchlässigkeit wieder erreicht werden kann. Die Durchlässigkeit k_M des jeweilig verwendeten Modellsandes wird mit Hilfe des Durchströmungsversuches[2] vorher festgestellt.

Soll eine allgemeine, räumliche Grundwasserströmung untersucht werden, dann muß das *ganze* Strömungsgebiet geometrisch ähnlich nachgebildet, also ein sogenanntes *Vollmodell* hergestellt werden. Liegt dagegen ein ebener oder ein räumlicher, achsensymmetrischer Vorgang vor, dann genügt ein *Teilmodell*, das beim ebenen Vorgang aus einer von zwei parallelen Stromflächen begrenzten Scheibe und beim achsensymmetrischen Vorgang aus einer solchen Scheibe oder aus einem von zwei Meridianebenen begrenzten Sektor des Strömungsbereiches besteht. Bei achsensymmetrischen Vorgängen genügt ein scheibenförmiges Teilmodell, wenn keine direkte Durchflußmessung am Modell beabsichtigt ist und wenn der Bereich nur von Niveaulinien und *festen* Randstromlinien begrenzt ist, also weder freie Oberflächen noch Sickerflächen vorhanden sind. Denn bei jeder achsensymmetrischen Strömung stehen die zu den Strom- und Niveaulinien einer Meridianebene gehörigen Strom- und Niveauflächen als Drehflächen auf der Meridianebene normal, so daß bei vorgegebenem Rande jedes Strömungsbild in der Meridianebene einer achsensymmetrischen Strömung auch als Strömungsbild einer ebenen Bewegung und umgekehrt gedeutet werden kann. Der wesentliche Unterschied zwischen den beiden Bewegungsarten kommt erst bei der Auswertung des Strömungsbildes hinsichtlich Geschwindigkeitsverteilung und Durchfluß zum Ausdruck.

Die eigentliche versuchstechnische Arbeit beim Filterversuch hat in der Regel die Bestimmung des Strömungsbildes zum Ziele. Sie kann sich auch nur auf die Bestimmung des Gesamtdurchflusses beschränken oder aber beides umfassen. Die Aufsuchung des Strömungsbildes kann *indirekt* durch punktweise Bestimmung der Standrohrspiegelhöhen erfolgen, wozu in das Sandmodell Sonden in Form kleiner Standrohre eingeführt werden. Durch eine größere Anzahl über das ganze Strömungsgebiet entsprechend verteilter Meßpunkte sind die Linien oder Flächen gleichen Standrohrspiegels und damit auch die Stromlinien festgelegt.

[1] J. Koženy: Über Grundwasserbewegung. Wasserkr. u. Wasserwirtsch., H. 5 bis 8 und 10. München. 1927.

[2] Siehe S. 17.

Liegt eine allgemeine räumliche Strömung vor, dann kommt nur die indirekte Bestimmung der Stromlinien in Frage. Die Versuchsdurchführung und die Ausarbeitung der Versuchsergebnisse bis zu einer vollständigen Lösung der Aufgabe sind in einem solchen Falle aber sehr umständlich. Man wird sich daher im allgemeinen damit begnügen, den Verlauf der Stromlinien und insbesondere jenen der freien Oberfläche nur an den praktisch wichtigen Stellen des Strömungsbereiches aufzusuchen. Bei ebenen und achsensymmetrischen Strömungen ist dagegen, wie weiter unten gezeigt wird, aus den gemessenen Standrohrspiegelhöhen an mehreren Punkten eine vollständige Lösung der Aufgabe leicht abzuleiten.

Das Verfahren der indirekten Bestimmung der Stromlinien hat den Nachteil, daß durch die eingeführten Standrohre der Strömungsbereich mitunter gestört werden muß und daß während der Versuchsdurchführung keine Kontrolle darüber besteht, inwieweit die Modellströmung mit der Strömung im Naturvorgang geometrisch ähnlich ist. So können beispielsweise enge Spalten, die durch Setzungen im Sande längs der festen Ränder des Modells entstehen, oder sonstige Mängel in der Gesamtanordnung Strömungen im Modell verursachen, die trotz der geometrischen Ähnlichkeit der Bereiche mit der zu untersuchenden Strömung nichts gemein haben, weil die Randbedingungen eben andere sind. Auch die Druckübertragung vom Standrohr auf das Meßgerät birgt Fehlerquellen, die nur bei sehr sorgfältigem Vorgehen ganz auszuschalten sind.

Von diesen Nachteilen frei ist das Verfahren mit *direkter* Bestimmung der Stromlinien, das bei ebenen und achsensymmetrischen Vorgängen immer anwendbar ist. Die Sichtbarmachung der Stromlinien erfolgt in der Regel dadurch, daß an einzelnen Stellen einer Randniveaulinie flüssiger Farbstoff, wie etwa Rotkali, Fuchsin oder Eosin, unter geringem Überdruck zugeführt wird. Die Versuchseinrichtung für ebene Strömungsvorgänge besteht der Hauptsache nach aus zwei zueinander parallelen Platten, wovon wenigstens eine aus Glas bestehen muß, ferner aus Vorkehrungen für die Wasserzu- und -ableitung an den entsprechenden Randniveauflächen des Modells, und schließlich aus der Färbeeinrichtung zur Sichtbarmachung der Fließlinien. Eine derart ausgestattete Versuchseinrichtung liefert eine Schar über das ganze Gebiet möglichst gleichmäßig verteilter Stromlinien, die für die weitere Verarbeitung am einfachsten durch das Lichtbild festgehalten werden.

Ein Nachteil des Färbeverfahrens besteht darin, daß der beigegebene Farbstoff die Zähigkeit der Modellflüssigkeit verändert und daß daher die Durchlässigkeit in den gefärbten Stromröhren eine etwas andere ist als jene in den nicht gefärbten Zwischenräumen. Ein weiterer Nachteil ist die scheinbare und übermäßige Verbreiterung der Stromröhren im Bereich kleiner Filtergeschwindigkeiten, die durch den Ausgleich der verschiedenen Farbstoffkonzentration quer zur Strömungsrichtung verursacht sein kann und die die Genauigkeit des Bildes beeinträchtigt. Der erstgenannte Nachteil ist nicht von großer Bedeutung und der zweite läßt sich durch Anordnung weiterer Färbepunkte im Inneren des Bereiches zum Teil ausschalten. Die in der Abb. 59 dargestellte Versuchseinrichtung eignet sich gleichzeitig für die Färbung der Stromfäden und für die Messung des Druckes, da die vordere Wand aus Glas besteht und die rückwärtige Metallwand mit Druckmeßstellen besetzt ist.

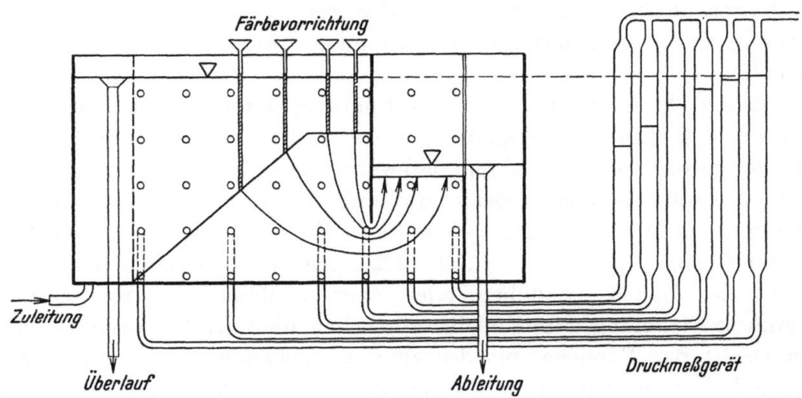

Abb. 59. Vorrichtung zur Bestimmung von Strömungsbildern mit Hilfe des Filterversuches (Hydrologisches Institut der Technischen Hochschule Wien).

Bei vielen praktischen Aufgaben ist nicht das Strömungsbild, sondern nur die Größe des Gesamtdurchflusses von Interesse. Die Versuchsarbeit besteht dann nur in der direkten Messung der Durchflußmenge Q_M im Modellversuch, woraus unter Berücksichtigung des Modellmaßstabes und des Verhältnisses der Durchlässigkeiten der Durchfluß Q im Naturvorgang berechnet werden kann. Beziehen sich die Größen Q, F, J und k in der üblichen Bedeutung auf den Naturvorgang und entsprechen dieselben Zeichen aber mit dem Zeiger M dem Vorgang im Modell, dann gilt nach (1) für die Durchflüsse Q und Q_M die Verhältnisgleichung

$$\frac{Q}{Q_M} = \frac{F \,.\, k \,.\, J}{F_M \,.\, k_M \,.\, J_M}.$$

Da bei geometrisch ähnlichen Grundwasserströmungen die relativen Gefälle in einander entsprechenden Punkten gleich sind, also $J = J_M$ ist, so verhalten sich die Durchflüsse wie die Durchlässigkeiten und wie einander entsprechende Flächen. Bezeichnet man den linearen Modellmaßstab mit λ, dann beträgt das Flächenverhältnis λ^2 und die Umrechnungsformel für den Durchfluß lautet damit

$$Q = \lambda^2 \frac{k}{k_M} Q_M.$$

Bei ebenen Strömungen bezieht man die Durchflüsse in beiden Vorgängen auf Scheiben gleicher Dicke eins. Das Flächenverhältnis ist dann gleich dem linearen Modellmaßstab und die Umrechnung auf den Durchfluß im Naturvorgang erfolgt nach

$$q = \lambda \cdot \frac{k}{k_M} q_M.$$

Schließlich sei noch erwähnt, daß sich der Filterversuch auch zur Untersuchung nicht stationärer Grundwasserströmungen mit zeitlich veränderlichem Strömungsbereich eignet. Das Fortschreiten einer Sickerfläche im Boden[1] erfolgt mit der wahren Grundwassergeschwindigkeit V_w und ist daher vom relativen Porenraum des Bodens abhängig. Je größer der Porenraum, desto kleiner ist nach (2) die wahre Grundwassergeschwindigkeit. Bei geometrisch ähnlichen Randformen des Gebietes besteht daher zwischen den Vorgängen in der Natur und im Modell für die wahren Grundwassergeschwindigkeiten die Verhältnisgleichung

$$V_w : V_{wM} = (k \cdot \varepsilon_M) : (k_M \cdot \varepsilon).$$

Schreibt man für die Geschwindigkeit den Quotienten Länge durch Zeit, so folgt aus

$$\frac{l \cdot t_M}{t \cdot l_M} = \frac{k \cdot \varepsilon_M}{k_M \cdot \varepsilon}$$

die Umrechnungsformel für einander entsprechende Zeiten:

$$t = \lambda \cdot \frac{k_M \cdot \varepsilon}{k \cdot \varepsilon_M} \cdot t_M.$$

Gegenüber den anderen versuchstechnischen Verfahren besitzt der Filterversuch den Vorteil großer Anschaulichkeit, so daß seine Ergebnisse auch für den mehr praktisch eingestellten Beobachter überzeugend sind. Da der Filterversuch ein der Grundwasserströmung wesensgleicher Vorgang ist, können praktisch wichtige Nebenerscheinungen, wie zum Beispiel die Einwirkung des Wassers auf den Grundwasserträger oder die Bewegung des Wassers unter der Einwirkung der Kapillarkräfte, studiert werden. Der Filterversuch ermöglicht, wie kein anderes versuchstechnisches Verfahren, auch die Bearbeitung von Strömungen mit freier Oberfläche und Hangquellen, er liefert unmittelbar eine mengenmäßige Lösung der Aufgabe und eignet sich schließlich auch für die Untersuchung nichtstationärer Strömungen. Die Genauigkeit der Ergebnisse ist beim Filterversuch im allgemeinen eine geringere als bei den anderen Verfahren, weil die Durchlässigkeit des Sandmodells nur selten eine vollkommen gleichartige ist. Durch die Art der Einbringung des Sandes in

[1] Siehe S. 128, Abb. 68.

die Versuchseinrichtung sowie durch die Ausscheidung von Luft aus dem Wasser sind örtliche und zeitliche Veränderungen der Durchlässigkeit praktisch unvermeidlich.[1]

β) Das elektrische Verfahren.

Zwischen dem elektrischen Spannungsgefälle, der Leitfähigkeit und der Stärke des elektrischen Stromes besteht der gleiche Zusammenhang wie zwischen dem Standrohrspiegelgefälle, der Durchlässigkeit und der Filtergeschwindigkeit einer Grundwasserströmung. Der elektrische Strom folgt daher in einem Leiter der Richtung des Spannungsgefälles und die Stromlinien stehen normal auf den Linien bzw. Flächen gleicher Spannung. Dieser Sachverhalt kann zur Darstellung von Potentialbewegungen[2] und daher auch für die versuchstechnische Lösung von Grundwasseraufgaben verwertet werden.[3] Zu diesem Zweck wird das Strömungsgebiet durch einen elektrischen Leiter aus Metall oder Flüssigkeit geometrisch ähnlich nachgebildet und sodann unter Einhaltung der gegebenen Randbedingungen der Spannungsverlauf in dem von elektrischem Strom durchflossenen Modell gemessen. Bei Verwendung flüssiger Leiter muß zuerst mit Hilfe eines festen Modells die Form aus Paraffin hergestellt werden. Längs der Niveauflächen des Strömungsbereiches werden Elektroden aus Kupferblech eingelegt. Die verbleibenden Randflächen sind Stromflächen. Flüssige Leiter liefern genauere Ergebnisse und erfordern geringere elektrische Spannungen als Leiter aus Metall, doch ist zur Vermeidung von Polarisationserscheinungen unbedingt Wechselstrom zu verwenden.

Um die Herstellung des Modells oder die Durchführung des Versuches zu erleichtern, kann es zweckmäßig sein, die Strom- und Niveauflächen miteinander zu vertauschen.

Das Grundsätzliche einer Versuchsanordnung für das elektrische Verfahren ist in der Abb. 60 dargestellt. Mit dem Modell parallelgeschaltet ist ein Meßkanal mit geradlinigem Spannungsabfall, so daß aus der

---

[1] F. Schaffernak u. R. Dachler: Versuchstechnische Lösung von Grundwasserproblemen. Wasserwirtsch., H. 1 und 3. Wien 1931.

[2] Von D. Thoma erstmalig verwendet. Siehe R. Camerer: Die Wasserdruckmomente der Drehschaufeln von Zentripetal-Francisturbinen. Z. VDI, S. 2007. 1911.

[3] N. Pavlovsky: Wasserbewegung unter Dämmen. Ref. z. I. Int. Talsperrenkongreß. Stockholm. 1933. — H. Gerber u. J. Ackeret: Experimentelle Methoden zur Ermittlung von Potentialströmungsbildern. Escher-Wyss Mitt., Nr. 6. 1928. — J. Vreedenburgh u. O. Stevens: Elektrodynamische Untersuchung von Potentialströmungen in Flüssigkeiten, insbesondere angewendet auf ebene Grundwasserströmungen. Ref. z. I. Int. Talsperrenkongreß oder in De Ingenieur, H. 32. 1933.

Stellung des Schlittens am Meßkanal sofort auch die Spannung an dieser Stelle ersichtlich ist. Von diesem Schlitten am Meßkanal führt eine Verbindungsleitung zu einem Suchstift, mit dem im Modell jene Punkte aufgesucht werden, welche die der Schlittenstellung entsprechende Spannung besitzen. Umgekehrt kann auch zu jedem beliebigen Punkte des Strömungsbereiches durch Verschieben des Schlittens die zugehörige Spannung bestimmt werden. Die Spannungsgleichheit zwischen Schlitten und Meßpunkt äußert sich in der Stromlosigkeit der Verbindungsleitung und wird durch den Ausschlag an einem Galvanometer oder besser mittels eines Kopfhörers festgestellt, in welchem der Summton vollständig verschwinden muß. Bei der in der Abb. 60 dargestellten Anordnung ist durch Einbau eines kleinen Transformators und entsprechende Schaltung die Möglichkeit gegeben, das Modell und den Meßkanal entweder an 8 oder an 220 Volt Spannung zu legen. Zuerst erfolgt bei 8 Volt Spannung die Roheinstellung. Sobald die Brücke nahezu stromlos ist, kann dann ohne Gefährdung des Kopfhörers auf 220 Volt umgeschaltet und die Feineinstellung vorgenommen werden. An Stelle des Netzstromes kann auch ein Akkumulator mit einem Induktionsapparat als Stromquelle verwendet werden. Um die Lage der Meßpunkte im Modell genau feststellen zu können, ist der Suchstift an einem über dem Modell fahrbaren Meßwagen befestigt.

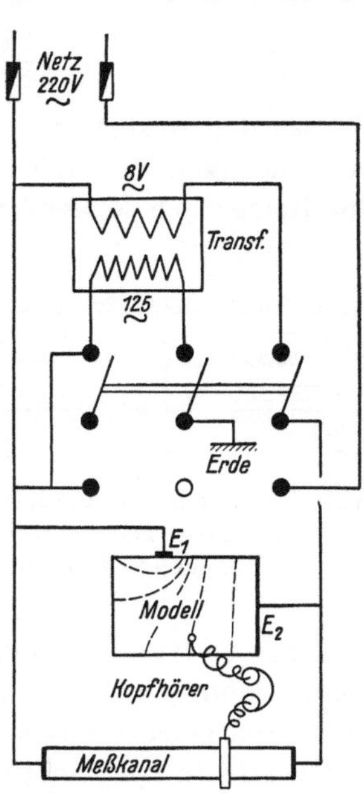

Abb. 60. Schematische Darstellung einer Versuchseinrichtung für das elektrische Verfahren (J. VREEDENBURGH und O. STEVENS).

Das elektrische Verfahren ist bei Gebieten mit bekannten Rändern, und zwar für ebene und achsensymmetrische Vorgänge verwendbar. Auch für allgemeine räumliche Strömungen ist der Verlauf der Niveauflächen damit feststellbar, wenn eine Randstrom- oder Randniveaufläche eine Ebene ist, die dann im Modell in die Flüssigkeitsoberfläche zu liegen kommt. Um den räumlichen Strömungsbereich durch den Suchstift wenig zu stören, empfiehlt sich die Verwendung eines möglichst dünnen Glasrohres mit eingeschmolzenem Kupferdraht.

Das elektrische Verfahren ist weniger anschaulich und nicht so allgemein anwendbar wie der Filterversuch, doch gibt es infolge des hohen Standes der elektrischen Meßtechnik auch bei kleiner Ausführung des Modells genaue Ergebnisse. Die Untersuchung der Strömungsvorgänge in Gebieten mit ortsveränderlicher Durchlässigkeit[1] ist mit Hilfe des elektrischen Verfahrens verhältnismäßig am einfachsten.

γ) Die laminare Strömung zwischen parallelen Platten.

Zur Beschreibung der laminaren Bewegung einer zähen, unzusammendrückbaren Flüssigkeit dient die Bewegungsgleichung von NAVIER-STOKES, die in Koordinatendarstellung z. B. für die x-Richtung lautet:

$$\frac{\gamma}{g} X - \frac{\partial p}{\partial x} = \frac{\gamma}{g}\left(u \cdot \frac{\partial u}{\partial x} + v \cdot \frac{\partial u}{\partial y} + w \cdot \frac{\partial u}{\partial z}\right) - \eta\left(\frac{\partial^2 u}{\partial x^2} + \frac{\partial^2 u}{\partial y^2} + \frac{\partial^2 u}{\partial z^2}\right).$$

Sie ist der Ausdruck des Gleichgewichtes aller auf die Masseneinheit der Flüssigkeit wirkenden Kräfte, und zwar bedeuten die vier Summanden der Reihe nach Massenkraft, Druckkraft, Trägheitskraft und Reibungskraft. Kommt als Massenkraft nur die Schwere in Betracht und ist die z-Achse lotrecht gerichtet, dann sind $X = Y = 0$ und $Z = g$. Erfolgt die Bewegung überdies zwischen zwei parallelen, waagrechten Platten und bildet die xy-Ebene die Mittelebene zwischen diesen beiden Platten, dann hat die Geschwindigkeit keine Komponente in der z-Richtung, es ist also $w = 0$. Ist weiters der Abstand $2d$ der beiden Platten verhältnismäßig klein, dann wird, wie aus der Geschwindigkeitsverteilung über dem lotrechten Querschnitt zu ersehen ist (Abb. 61, rechts), das Geschwindigkeitsgefälle in der Richtung der Plattenebene verhältnismäßig sehr klein gegenüber dem Geschwindigkeitsgefälle normal dazu. Dieses Verhalten wird mathematisch dadurch zum Ausdruck gebracht, daß die Differentialquotienten $\frac{\partial u}{\partial x}$, $\frac{\partial u}{\partial y}$, $\frac{\partial v}{\partial x}$ und $\frac{\partial v}{\partial y}$ gegenüber den Differentialquotienten $\frac{\partial u}{\partial z}$ und $\frac{\partial v}{\partial z}$ ganz vernachlässigt, also Null gesetzt werden.

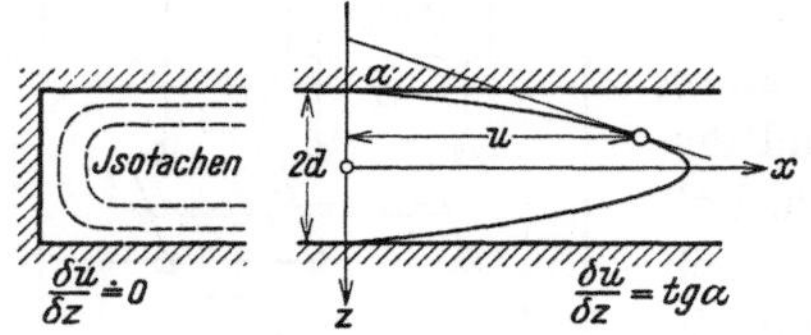

Abb. 61. Geschwindigkeitsverteilung bei laminarer Bewegung zwischen parallelen Platten.

Mit dieser näherungsweisen Annahme lauten die Bewegungsgleichungen für die drei Achsrichtungen

$$\eta \cdot \frac{\partial^2 u}{\partial z^2} = \frac{\partial p}{\partial x}, \quad \eta \cdot \frac{\partial^2 v}{\partial z^2} = \frac{\partial p}{\partial y}, \quad \gamma = \frac{\partial p}{\partial z}. \tag{84}$$

Diese Beziehungen beschreiben den Vorgang um so genauer, je kleiner der Plattenabstand und je größer die Zähigkeit der Flüssigkeit ist. Durch eine Verminderung der mittleren Fließgeschwindigkeit wird die Annäherung nicht verbessert, weil sich dadurch das Verhältnis der Geschwindigkeitsgefälle zueinander nur wenig verändert.

[1] Siehe S. 129f.

Die Gln. (84) verlieren ihre Gültigkeit, sobald durch Einbauten zwischen den beiden Platten eine verhältnismäßig sehr große Änderung der Geschwindigkeit in der Richtung der Plattenebene erzwungen wird. Sie gelten auch nicht in unmittelbarer Nähe solcher Einbauten, weil dort das Geschwindigkeitsgefälle in der z-Richtung gegenüber jenem in der x- und y-Richtung vernachlässigbar klein wird (Abb. 61, links). Die Integration der ersten der Differentialgleichungen (84) liefert

$$\eta \,.\, u = \frac{z^2}{2} \frac{\partial p}{\partial x} + C_1 x + C_2,$$

woraus mit den Randbedingungen $z = \pm d$, $u = 0$ und $z = 0$, $\frac{\partial p}{\partial z} = 0$

$$u = -\frac{1}{2\eta} \frac{\partial p}{\partial x} (d^2 - z^2)$$

folgt. Für die y-Richtung gilt analog

$$v = -\frac{1}{2\eta} \frac{\partial p}{\partial y} (d^2 - z^2).$$

Die mittleren Geschwindigkeiten in den einzelnen Lotrechten betragen daher

$$u_m = \frac{1}{d} \int_0^d u\, dz = -\frac{1}{d} \frac{1}{2\eta} \frac{\partial p}{\partial x} \left(d^2 z - \frac{z^3}{3}\right)_0^d = -\frac{d^2}{3\eta} \frac{\partial p}{\partial x} = \frac{\partial}{\partial x}\left(-\frac{d^2}{3\eta} \cdot p\right)$$

$$v_m = \frac{1}{d} \int_0^d v\, dz = -\frac{1}{d} \frac{1}{2\eta} \frac{\partial p}{\partial y} \left(d^2 z - \frac{z^3}{3}\right)_0^d = -\frac{d^2}{3\eta} \frac{\partial p}{\partial y} = \frac{\partial}{\partial y}\left(-\frac{d^2}{3\eta} \cdot p\right).$$

Hieraus ist zu entnehmen, daß diese Geschwindigkeiten als erste Ableitungen der Funktion $\varphi = -\frac{d^2}{3\eta} \cdot p$ darstellbar sind. Nach der dritten der Gln. (84) ist zwar $p = \gamma z + f(x, y)$, also eine Funktion aller drei Koordinaten, doch sind infolge der besonderen Form dieser Funktion ihre partiellen Ableitungen nach x und y und damit auch die mittleren Geschwindigkeiten u_m und v_m von z unabhängig. Die Funktion φ ist also das Geschwindigkeitspotential für die Bewegung in der xy-Ebene, und die Linien gleichen Druckes sind die Niveaulinien der Strömung. Sind die Platten gegen die Waagrechte geneigt, dann ist neben dem Druckgefälle auch das Höhengefälle zu berücksichtigen, und das Geschwindigkeitspotential der Bewegung nimmt die Form

$$\varphi = -\frac{\gamma d^2}{3\eta} \,.\, h$$

an, es ist demnach verhältnisgleich der Standrohrspiegelhöhe.[1]

Diese Analogie mit der Grundwasserbewegung wird in der Weise ausgenutzt, daß zwischen zwei parallelen Platten der Strömungsbereich

[1] H. Lamb: Hydrodynamik, S. 656. — W. Müller: Einführung in die Theorie der zähen Flüssigkeiten, S. 31. Leipzig. 1932.

geometrisch ähnlich nachgebildet und die durch entsprechenden Druckunterschied erzeugte laminare Strömung durch Färben einzelner Stromröhren sichtbar gemacht wird.[1] Die Abb. 62 zeigt eine solche Versuchsanordnung im Schnitt und in der Draufsicht. Bei einer Plattengröße von einigen Quadratdezimetern beträgt der Plattenabstand einige Zehntel eines Millimeters und kann bei Verwendung einer zäheren Flüssigkeit, wie etwa Glyzerin, größer gewählt werden als bei Verwendung von Wasser. Die Durchflußgeschwindigkeit wird durch den Druckunterschied an den Rändern geregelt und so eingestellt, daß die gefärbten von den ungefärbten Stromröhren möglichst scharf getrennt sind. Eine genau gearbeitete Versuchseinrichtung liefert dann bei sorgfältiger Versuchsdurchführung unmittelbar, also ohne jede Messung, die gesuchte Strömung, die für die weitere Verarbeitung im Lichtbilde festgehalten wird.

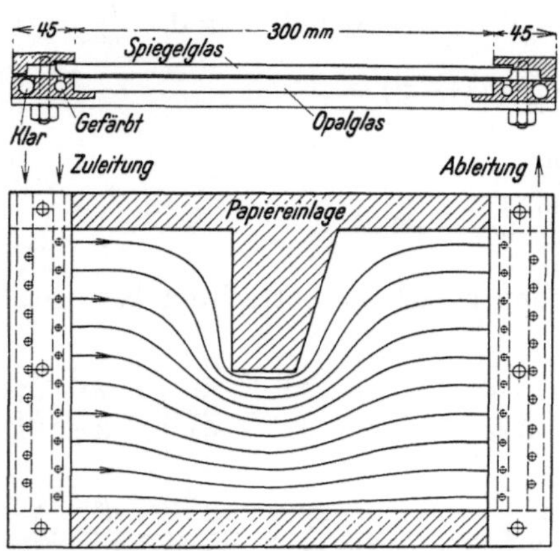

Abb. 62. Stromlinienapparat (Hydrologisches Institut der Technischen Hochschule Wien).

Das Verfahren ist grundsätzlich für die Untersuchung aller ebenen und achsensymmetrischen Strömungen bei gegebenem Rand geeignet.

Die Anpassungsmöglichkeit an die verschiedenen Randformen ist aber praktisch beschränkt, weil mit Rücksicht auf die Art der Farbstoffzufuhr die zu untersuchende Strömung entweder zwei parallele Randstrom- oder Randniveaulinien aufweisen muß. Ein solcher Stromlinienapparat ist daher nur für eine kleine Gruppe von Aufgaben verwendbar.

δ) Auswertung versuchstechnisch ermittelter Strömungsbilder.

Ein auf versuchstechnischem Wege gefundenes Strömungsbild ist dahin auszuwerten bzw. so auszugestalten, daß hieraus die Richtung und die relative Größe der Filtergeschwindigkeit an jeder Stelle entnommen werden können. Für diese Darstellung eignet sich am besten das quadratische Netz der Niveau- und Stromlinien, das aus dem un-

---

[1] S. Hele Shaw: Untersuchung über die Natur des Oberflächenwiderstandes bei Wasser und die Stromlinienbewegung unter gewissen Versuchsbedingungen. Sitzungsberichte der Institution of Naval Architects. 1898. — A. Wyszomirski: Stromlinien und Spannungslinien. Diss. Dresden. 1914.

mittelbaren Versuchsergebnis entweder nur gefühlsmäßig eingezeichnet oder hieraus durch das folgende graphische Verfahren hergeleitet werden kann.

Greift man aus der Stromlinienschar zwei benachbarte Linien, z. B. s_1 und s_2, heraus (Abb. 63) und bezeichnet den gleichbleibenden, vorläufig aber noch unbekannten Durchfluß durch die so begrenzte Stromröhre mit $\Delta q_{1,2}$ und das im allgemeinen veränderliche Standrohrspiegelgefälle längs dieser Stromlinie mit $J = \frac{\Delta h}{\Delta l}$, so kann für den auf die Schichtdicke eins bezogenen Durchfluß

$$\Delta q_{1,2} = V \,.\, \Delta b = k_M \,.\, J \,.\, \Delta b = k_M \,.\, \frac{\Delta h}{\Delta l} \,.\, \Delta b$$

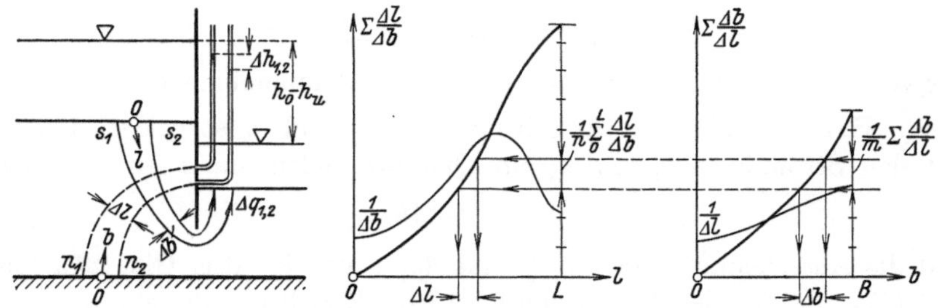

Abb. 63. Graphische Auswertung von Strömungsbildern.

geschrieben werden. Die Änderung der Standrohrspiegelhöhe Δh am Wege Δl ergibt sich daher aus

$$\Delta h = \frac{\Delta q_{1,2}}{k_M} \cdot \frac{\Delta l}{\Delta b}.$$

Der gesamte Niveauunterschied $(h_0 - h_u)_M$ im Modellversuch beträgt somit, weil $\Delta q_{1,2}$ und k_M längs der Stromlinie konstant sind,

$$(h_0 - h_u)_M = \sum \Delta h = \frac{\Delta q_{1,2}}{k_M} \sum \frac{\Delta l}{\Delta b}. \tag{85}$$

Trägt man die in der Stromröhrenachse gemessene Länge l als Abszisse und den jeweils zugehörigen Wert $\frac{1}{\Delta b}$ als Ordinate eines rechtwinkeligen Bezugssystems (Abb. 63) auf, und bildet von der so erhaltenen Linie die Summenlinie längs l, dann stellt die Endordinate dieser Summenlinie den Wert

$$\sum_0^L \frac{\Delta l}{\Delta b} = \frac{k_M}{\Delta q_{1,2}} (h_0 - h_u)_M$$

dar. Unterteilt man diese Endordinate in n gleiche Abschnitte, so gibt die in der Abbildung angedeutete Konstruktion auf der Abszissenachse jene Weglängen Δl, die *gleichen* Standrohrspiegelunterschieden

$\Delta h = \frac{(h_0 - h_u)_M}{n}$ entsprechen. Nach Übertragung dieser Abstände in das Strömungsbild können dort normal zu den Stromlinien die Linien gleichen Standrohrspiegelunterschiedes gezeichnet werden.

In gleicher Weise verfährt man, um zu den Stromröhren gleichen Durchflusses zu gelangen. Man summiert längs eines von den Niveaulinien n_1 und n_2 eingeschlossenen Streifens, in welchem der Niveauunterschied $\Delta h_{1,2}$ betragen möge, die Werte

$$\Delta q = k_M \Delta h_{1,2} \cdot \frac{\Delta b}{\Delta l}$$

und erhält dadurch den Gesamtdurchfluß q_M im Modell bezogen auf die Schichtdicke eins zu

$$q_M = \sum \Delta q = k_M \Delta h_{1,2} \sum \frac{\Delta b}{\Delta l}, \tag{86}$$

der verhältnisgleich ist der Endordinate der Summenlinie von $\frac{1}{\Delta l}$ längs $n_1 n_2$. Hat man überdies die Niveaulinien n_1 und n_2 so gelegt, daß sie mit den Stromlinien s_1 und s_2 ein Quadrat bilden, dann ist nach (37)

$$\Delta q_{1,2} = k_M \Delta h_{1,2} \tag{87}$$

und die Ausscheidung von $\Delta h_{1,2}$ und $\Delta q_{1,2}$ aus den drei Gln. (85), (86) und (87) gibt für den Gesamtdurchfluß im Modell die Beziehung

$$q_M = k_M (h_0 - h_u)_M \cdot \frac{\sum \frac{\Delta b}{\Delta l}}{\sum \frac{\Delta l}{\Delta b}}. \tag{88}$$

Ein Vergleich mit (36) zeigt, daß das Verhältnis der Endordinaten der beiden Summenlinien gleich ist dem Formfaktor des Strömungsbereiches. Damit ist auf dem Wege über das Strömungsbild zunächst der Durchfluß im Modellversuch festgelegt. Der tatsächliche Durchfluß in der zu behandelnden Grundwasseraufgabe ergibt sich aus (88), wenn hierin an Stelle der im Modell geltenden Werte k_M und $(h_0 - h_u)_M$ die für die Ausführung maßgebenden Werte k und $(h_0 - h_u)$ eingeführt werden.

Trägt man schließlich auf der Endordinate $\sum \frac{\Delta b}{\Delta l}$ Abschnitte von der gleichen Größe ab, wie auf der Endordinate $\sum \frac{\Delta l}{\Delta b}$, so gelangt man durch eine analoge Konstruktion zu den Stromröhren *gleichen* Durchflusses und damit zur quadratischen Netzteilung.

Ist ein solches Netz auf Grund der im Versuch gefundenen Strom- und Niveaulinien nur gefühlsmäßig eingelegt, so führt folgende Überlegung zur Berechnung des Durchflusses. Durch die Niveaulinien des quadratischen Netzes werde das gesamte Standrohrspiegelgefälle in n gleiche Teile von der Größe $\Delta h = \frac{1}{n}(h_0 - h_u)$ unterteilt, und es seien

m Stromröhren vom gleichen Durchfluß $\Delta q = \frac{q}{n}$ vorhanden. Nach (37) ist aber $\Delta q = k \Delta h$, so daß für den Gesamtdurchfluß die Beziehung

$$q = m \,.\, \Delta q = m \,.\, k \,.\, \Delta h = \frac{m}{n} k (h_0 - h_u)$$

folgt. In Übereinstimmung mit dem Ergebnis des oben beschriebenen graphischen Verfahrens ist das Verhältnis der Anzahl der Stromröhren zu jener der Niveaustreifen, also $\frac{m}{n}$, der Formfaktor des Strömungsgebietes.

Die Größe der Filtergeschwindigkeit an irgendeiner Stelle des Bereiches folgt unmittelbar aus der Länge Δs der Quadratseite, und zwar ist

$$V = k \,.\, \frac{\Delta h}{\Delta s}. \tag{89}$$

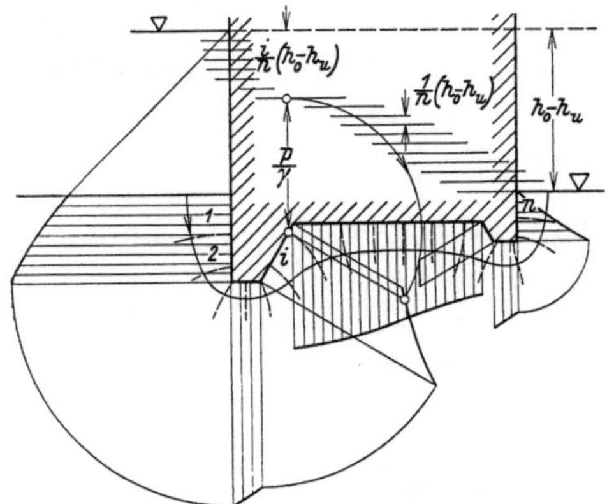

Abb. 64. Zeichnerische Bestimmung des Unterdruckes auf einem Gründungskörper.

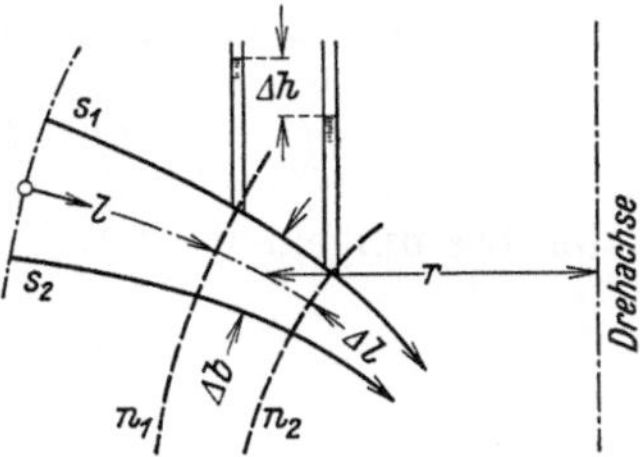

Abb. 65. Auswertung achsensymmetrischer Strömungen.

Die Größe des Wasserdruckes ist meist nur längs der festen Randstromlinien des Bereiches von Interesse. In der Abb. 64 ist die Bestimmung des Wasserdruckes auf einen Gründungskörper im Grundwasserstrom dargestellt. Hierzu ist aus dem vollständigen Strömungsbild nur die Randstromröhre mit den n Niveaulinien gleichen Standrohrspiegelunterschiedes $\frac{1}{n}(h_0 - h_u)$ übernommen. Unterteilt man den gesamten Wasserspiegelunterschied zwischen Ober- und Unterwasser durch waagrechte Linien in n gleiche Abschnitte, so kann hieraus für jeden Schnittpunkt des quadratischen Netzes die Druckhöhe entnommen und auch ihr Verlauf längs des festen Randes zeichnerisch ermittelt werden.

Bei der graphischen Auswertung des Strömungsbildes in der Meridianebene einer achsensymmetrischen Bewegung ist die Lage der Drehachse entsprechend zu berücksichtigen (Abb. 65). Durch den von den Drehflächen s_1 und s_2 begrenzten Bereich fließt eine Wassermenge

$$\Delta Q_{1,2} = 2 r \pi \,.\, \Delta b \,.\, V = 2 r \pi \,.\, \Delta b \,.\, k \frac{\Delta h}{\Delta l}$$

und die Summierung der Einzelgefälle

$$\Delta h = \frac{\Delta Q_{1,2}}{2\pi k} \cdot \frac{\Delta l}{r\Delta b}$$

in der Fließrichtung gibt das Gesamtgefälle

$$h_0 - h_u = \frac{\Delta Q_{1,2}}{2\pi k} \sum \frac{\Delta l}{r\Delta b}.$$

Der Wert $\sum \frac{\Delta l}{r\Delta b}$ ist wieder als Endordinate der Summenlinie von $\frac{1}{r\Delta b}$ längs l darstellbar und die Unterteilung der Endordinate in n gleiche Teile liefert die Linien gleichen Standrohrspiegelunterschiedes $\frac{1}{n}(h_0 - h_u)$.

Summiert man längs eines von zwei solchen Niveaulinien eingeschlossenen Streifens die Einzeldurchflüsse

$$\Delta Q = 2\pi r \,.\, \Delta b \,.\, k \frac{h_0 - h_u}{n \,.\, \Delta l},$$

so folgt für den Gesamtdurchfluß die Beziehung

$$Q = k(h_0 - h_u)\left(\frac{2\pi}{n} \sum \frac{r\Delta b}{\Delta l}\right)$$

oder bei umgekehrter Reihenfolge der Summierung

$$Q = k(h_0 - h_u)\left(\frac{2\pi m}{\sum \frac{\Delta l}{r\Delta b}}\right). \qquad (90)$$

Die Klammerausdrücke stellen den linearen, also vom Längenmaßstab abhängigen Formfaktor des räumlichen Strömungsbereiches dar.

Diese Art der graphischen Auswertung beruht im Wesen darauf, daß durch je zwei Strom- und Niveaulinien, die das ganze Gebiet durchsetzen, die Lösung der Aufgabe ebenso bestimmt ist wie durch die Randbedingungen. Die Genauigkeit des Ergebnisses einer solchen graphischen Auswertung hängt daher hauptsächlich von der Genauigkeit ab, mit der die einzelnen, zur Summierung verwendeten Strom- und Niveaulinien festgelegt wurden.

Nach diesem Verfahren kann beispielsweise die Zuströmung zu Brunnen behandelt werden, wenn die Sickerfläche, die zwischen dem Grundwasserspiegel an der Brunnenwand und dem Wasserspiegel im Brunnen immer vorhanden ist, infolge tiefer Absenkung des Wasserspiegels im Brunnen selbst nicht mehr vernachlässigt werden kann und daher die Annahme von Dupuit nicht mehr zulässig ist (Abb. 55). Die Lage der freien Oberfläche und einiger weiterer Stromlinien ist hierfür durch den Filterversuch an einem sektorförmigen Teilmodell zu bestimmen.[1]

Auch bei der Durchlässigkeitsbestimmung für poröse Baustoffe wie

[1] R. Ehrenberger, siehe S. 15, Fußnote 1.

Beton kann diese graphische Auswertung verwendet werden. Infolge der verhältnismäßig geringen Wasserdurchlässigkeit des Betons sind beim Durchlässigkeitsversuch große Gefälle und daher auch hohe Drücke erforderlich, um noch mit hinreichend genau meßbaren Durchflußmengen arbeiten zu können. Diese hohen Drücke erschweren aber die genaue Einhaltung der Randbedingungen längs der festen Randstromflächen, wie etwa längs der Mantelfläche der zylindrischen Probekörper bei axialer Durchströmung, so daß man von dieser einfachsten Art des Durchströmungsversuches absehen muß und die Durchlässigkeitsziffer aus einer räumlichen, achsensymmetrischen Strömung bestimmt. Dabei werden die festen Randstromflächen auf das unbedingt erforderliche Ausmaß beschränkt und derart angeordnet, daß eine sichere Abdichtung längs dieser Flächen einfach durchführbar ist. Eine mögliche Anordnung zeigt die Abb. 66. Das innerhalb des abdichtenden Gummiringes eintretende Wasser tritt längs der übrigen Oberfläche des zylindrischen Probekörpers frei aus. Bei dieser Filterbewegung kann das Höhengefälle gegenüber dem Druckgefälle vernachlässigt werden, so daß praktisch eine Strömung normal zu den Flächen gleichen Druckes vorliegt. Mit Ausnahme der kurzen Randstromlinie längs der Abdichtung besteht daher der Rand des Strömungsgebietes nur aus Niveaulinien. Die genaue Lösung der Aufgabe erfordert umfangreiche Rechenarbeiten.[1] Rascher gelangt man zum Ziele, wenn etwa nach dem elektrischen Verfahren eine Reihe von Niveau- bzw. Stromlinien festgestellt und hieraus auf graphischem Wege der Formfaktor ermittelt wird. Die Bestimmung des Durchflusses erfolgt jedenfalls auf direktem Wege mit Hilfe des Filterversuches am Probekörper, so daß schließlich aus einer der Gln. (90) die Durchlässigkeitsziffer als einzige Unbekannte berechenbar ist. An Stelle des Standrohrspiegelunterschiedes $(h_0 - h_u)$ tritt die Druckhöhe $\frac{p}{\gamma}$ an der Eintrittsfläche.

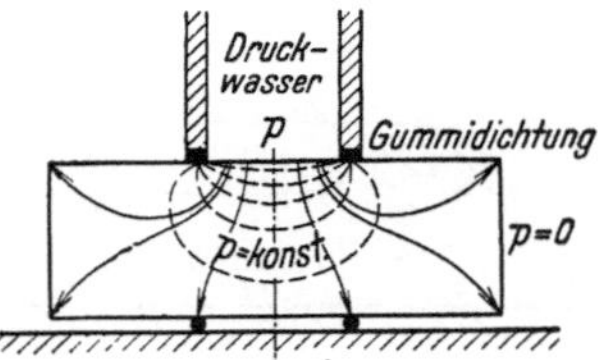

Abb. 66. Strömung durch einen zylindrischen Probekörper aus Beton.

3. Zeichnerisches Verfahren.

Die zeichnerische Lösung von Grundwasseraufgaben ist bei allen ebenen und achsensymmetrischen Strömungen anwendbar und besteht in der graphischen Darstellung der aufeinander normalen Strom- und Niveaulinienscharen unter Beachtung des durch die Gln. (35) und (37) gegebenen Zusammenhanges und Einhaltung der jeweiligen Rand-

[1] F. TÖLKE: Die Prüfung der Wasserdichtigkeit von Beton. Ing.-Arch. Berlin. 1931.

bedingungen. Die Einzeichnung dieser Linien erfolgt am zweckmäßigsten in der Weise, daß dadurch das ganze Strömungsgebiet — ausgenommen der Randstreifen längs einer Sickerlinie — in krummlinige, quadratähnliche Vierecke zerlegt wird.[1] Obwohl dem Verfahren keine besonderen Konstruktionsregeln zugrunde liegen und die Linien nur gefühlsmäßig, aber unter beständiger Beachtung der rechtwinkeligen Schnitte und der Randbedingungen eingezeichnet werden, ist dieses Verfahren doch von großem praktischen Wert, weil man hiermit bei einiger Übung rasch zu einer vollständigen Lösung der Aufgabe gelangt, deren Genauigkeit durch weitgehende Unterteilung des Strömungsbereiches in sehr kleine Quadrate beliebig erhöht werden kann. Bei der Durchführung empfiehlt es sich, zuerst das ganze Strömungsgebiet nur durch einige Strom- und Niveaulinien in wenige größere, quadratähnliche Teile zu zerlegen und dann deren Anordnung durch weitere Unterteilung zu überprüfen bzw. zu berichtigen. Bei der Lösung von ebenen und achsensymmetrischen Strömungen innerhalb vorgegebener Ränder wird dieses Verfahren hinsichtlich Raschheit und Genauigkeit nur von den einfachen analytischen Lösungen übertroffen.

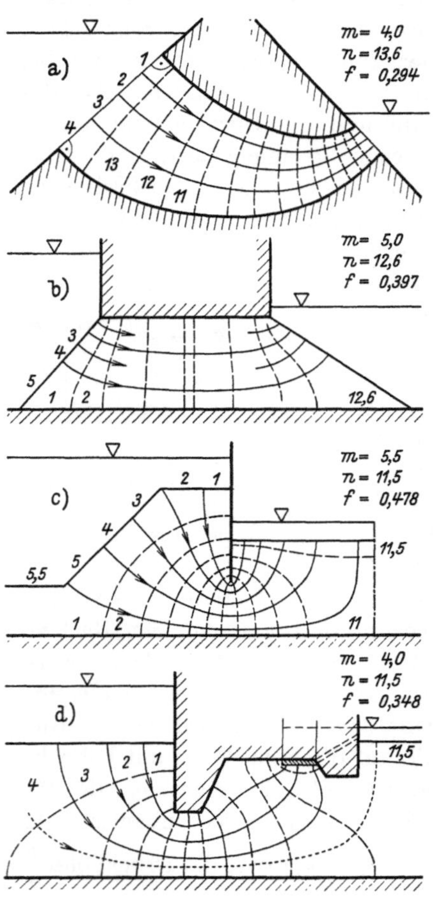

Abb. 67. Zeichnerisch ermittelte Strömungsbilder in Gebieten mit festen Rändern.

Die geringsten Schwierigkeiten bietet ein Strömungsbereich, der von zwei Randniveaulinien und zwei festen Randstromlinien begrenzt ist, wenn diese Linien stetig gekrümmt sind und in den Schnittpunkten aufeinander normal stehen. Unter dieser Voraussetzung besitzt die Filtergeschwindigkeit überall einen endlichen, von Null verschiedenen Wert, und die quadratische Netzteilung ist einfach zu zeichnen (Abb. 67a).

[1] F. PRÁŠIL: Technische Hydrodynamik, S. 54f. Berlin. 1913. — PH. FORCHHEIMER: Hydraulik, S. 81f.

Schiefwinkelige Schnitte der Ränder in den Ecken des Bereiches (Abb. 67 b) oder unstetige Krümmung einer Randlinie (Abb. 67 c und d) haben Extremwerte der Geschwindigkeit an den Unstetigkeitsstellen zur Folge. Ist in solchen Fällen größere Genauigkeit erwünscht, dann ist die Netzteilung im Bereiche der Ecken, und zwar insbesondere jener, bei denen die Filtergeschwindigkeit theoretisch unendlich groß wird, sorgfältiger zu zeichnen, weil das Strömungsbild an solchen Stellen wegen der großen Geschwindigkeitswerte von ausschlaggebender Bedeutung für den Gesamtdurchfluß sein kann. Da aber in der unmittelbarsten Nähe solcher Unstetigkeitsstellen die Strömung nicht nach dem Darcygesetz erfolgt,[1] ist eine besondere Sorgfalt in der Netzzeichnung auch nicht angebracht. Bei einem Bereich mit solchen Unstetigkeitsstellen ist jede auf dem Darcygesetz aufgebaute Lösung mit einer Ungenauigkeit behaftet, mit der man sich abfinden muß.

Es empfiehlt sich, die Netzzeichnung bei den Unstetigkeitsstellen zu beginnen, wobei allenfalls die den Gln. (57) entsprechenden Stromlinienbilder (Abb. 40) näherungsweise verwendet werden können.

Besonders einfach gestaltet sich die Netzzeichnung, wenn längs eines der gegebenen Ränder der Verlauf der Strom- oder Niveaufunktion bekannt ist.[2]

Liegt eine freie Oberfläche vor, dann wird, auch wenn keine oder nur eine kurze Sickerstrecke vorhanden ist, die rein zeichnerische Lösung der Aufgabe meist umständlich, da für verschiedene Annahmen bezüglich des Verlaufes der freien Oberfläche die Netzzeichnung versuchsweise durchgeführt werden muß. Bei solchen Aufgaben empfiehlt sich daher die Bestimmung der Oberfläche im Wege des Filterversuches, worauf dann das Strömungsbild wie bei gegebenen Rändern eingezeichnet werden kann. Das gleiche gilt für jene Aufgaben, die, wie die luftseitige Böschung eines Staudammes, im Anschluß an die freie Oberfläche eine ausgedehnte Hangquelle aufweisen.[3]

Bei der Einzeichnung des quadratischen Netzes im Bereich einer Hangquelle ist zu beachten, daß die Linien gleichen Standrohrspiegelunterschiedes die Sickerlinien in Punkten gleichen Höhenabstandes schneiden (Abb. 56). Die zur Böschung normale Komponente V_n ist durch die Richtung der Filtergeschwindigkeit selbst zufolge (80) festgelegt. Trägt man die V_n-Werte längs der Sickerlinie, und zwar normal hierzu auf, dann stellt die Fläche ABC den Durchfluß durch die Sickerlinie dar. Da aber die Stromlinien einer quadratischen Netzteilung Linien gleichen Durchflußunterschiedes sind, so müssen die den einzelnen Stromröhren entsprechenden Streifen der Durchflußfläche ABC einander

[1] Siehe S. 7.
[2] Siehe S. 70.
[3] Siehe S. 106.

gleich sein. Die Richtung der Filtergeschwindigkeit in den einzelnen Punkten einer Sickerlinie läßt sich daher ziemlich genau ermitteln, indem man für verschiedene Annahmen hinsichtlich der Verteilung der V_n-Werte die quadratische Netzteilung zu zeichnen versucht.

Von diesem Zusammenhang kann mit Vorteil dort Gebrauch gemacht werden, wo es auf die genaue Richtung der Filtergeschwindigkeit ankommt, wie beispielsweise bei der Behandlung nichtstationärer Grundwasseraufgaben, bei denen sich Größe und Richtung der Filtergeschwindigkeit mit der Zeit ändern und wo daher auch das jeweils vom Grundwasser durchströmte Gebiet seine Form und Größe verändert. Ist z. B. die augenblickliche Begrenzung DE (Abb. 68) des vom Grundwasser erfüllten Bereiches im Zeitpunkte t bekannt, so ist auch das augenblickliche Strömungsbild für diesen Bereich eindeutig bestimmt. Die Grenze DE ist keine Stromlinie, sondern eine Sickerlinie, längs der die Größe und die Richtung der Geschwindigkeit unter Benutzung der obigen Zusammenhänge bestimmt werden können. Verlängert man die einzelnen Stromlinien über die Sickerlinien hinaus und trägt auf jeder dieser Stromlinien unter Berücksichtigung der wahren Grundwassergeschwindigkeit (2) das dem Zeitintervall Δt entsprechende Wegstück $V_w \,.\, \Delta t$ auf, so erhält man die Lage DE' der Sickerlinie zur Zeit $t + \Delta t$. Dieser neuen Lage der Sickerlinie entspricht aber ein anderes Strömungsbild, aus dem wieder der Geschwindigkeitsverlauf längs DE' entnommen und die Lage der Sickerlinie im Zeitpunkte $t + 2\,\Delta t$ bestimmt werden kann. Auf diese Weise kann das zeitliche Fortschreiten einer Sickerlinie in einem Erdkörper angenähert dargestellt werden. Das Verfahren ist mühsam, es stellt jedoch, wenn die Einrichtungen für einen Filterversuch nicht vorhanden sind, für den allgemeinen Fall die einzige Lösungsmöglichkeit dar.

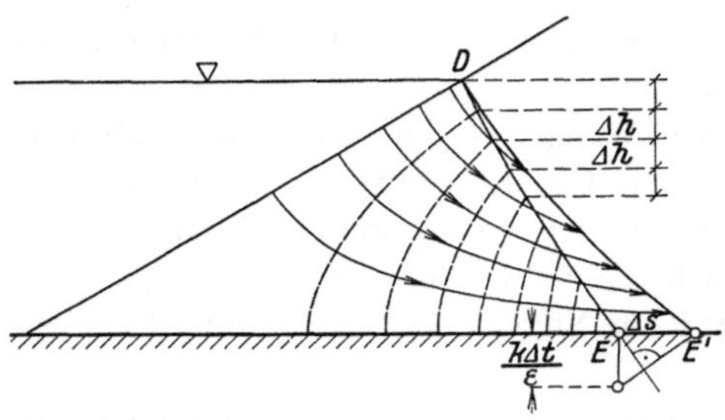

Abb. 68. Fortschreiten einer Sickerlinie in einem Erdkörper.

Bezüglich der richtigen Deutung einer quadratischen Netzteilung hinsichtlich der Größe des Durchflusses und der Verteilung der Geschwindigkeit und des Druckes wird auf S. 123 verwiesen.

Bei der zeichnerischen Lösung achsensymmetrischer Strömungen ist zuerst wie bei einem ebenen Vorgang ein quadratisches Netz zu zeichnen und hieraus dann unter Beachtung der jeweiligen Lage der Drehachse das System der Linien gleichen Durchfluß- bzw. gleichen Niveauunterschiedes zu bestimmen.

C. Filterbewegung bei veränderlicher Durchlässigkeit.

Die Verschiedenheit in der Durchlässigkeit eines Bodens kann, abgesehen von den zeitlichen Änderungen, eine orts- oder eine richtungsveränderliche sein.[1] Bei einem Material mit ortsveränderlicher Durchlässigkeit gilt in jedem Punkte des Bereiches, und zwar unabhängig von der Richtung, der dem Darcygesetz entsprechende Zusammenhang, wobei die Durchlässigkeitswert k eine stetige oder unstetige Funktion des Ortes sein kann. Bei einer richtungsveränderlichen Durchlässigkeit ist, unabhängig von der Lage des Punktes, nur die Richtung maßgebend für die Größe des Durchlässigkeitswertes.

I. Unstetig veränderliche Durchlässigkeit.

Das praktisch wichtigste Vorkommen einer veränderlichen Durchlässigkeit ist jenes, bei welchem einzelne Teilgebiete verschiedene Durchlässigkeiten aufweisen, so daß an den Trennungsflächen eine sprunghafte Änderung in der Größe des k-Wertes erfolgt. Bei der Lösung von Aufgaben für derartige Strömungsgebiete sind dann grundsätzlich außer den Randbedingungen an den Grenzen des Gesamtbereiches auch noch die längs der Trennungsflächen der verschieden durchlässigen Teilgebiete bestehenden Randbedingungen zu beachten.

a) Das Brechungsgesetz und die Randbedingung längs der gemeinsamen Grenze.

Wie sich nachweisen läßt, erfährt jede Stromlinie beim Übertritt vom Gebiet mit der Durchlässigkeit k_1 in das benachbarte Gebiet mit der Durchlässigkeit k_2 eine Ablenkung, und zwar verhalten sich die Tangenten der Brechungswinkel α_1 und α_2 wie die Durchlässigkeiten, so daß z. B. für die in der Abb. 69 gezeichnete Stromlinie die Verhältnisgleichung

$$k_1 : k_2 = \operatorname{tg} \alpha_1 : \operatorname{tg} \alpha_2$$

gelten muß.[2] Da sich in jedem der beiden Teilgebiete die Strom- und

[1] F. Schaffernak: Erforschung der physikalischen Gesetze, nach welchen die Durchsickerung des Wassers durch eine Talsperre oder durch den Untergrund stattfindet. Ref. z. I. Int. Talsperrenkongreß. Stockholm. 1933.

[2] O. Hoffmann: Wasserdurchlässigkeit und ihre Wirkung auf Staumauern. Mailand. 1928. (In italienischer Sprache.) — R. Dachler: Über Sickerwasserströmungen in geschichtetem Material. Wasserwirtsch., H. 2 und 4. Wien. 1932. — A. Joffé: Über das Problem der Wasserfiltration durch heterogene Medien. Hydrotechn. u. Hydrogeol. Inst. Moskau. 1935. (In englischer Sprache.)

Niveaulinien rechtwinkelig schneiden müssen, so lautet das Brechungsgesetz für die Niveaulinien

$$k_1 : k_2 = \operatorname{tg} \beta_2 : \operatorname{tg} \beta_1.$$

Bezeichnet s die Richtung der Trennungslinie der beiden Teilgebiete I und II und n die Richtung der Normalen hierzu, so läßt sich, weil nach (30)

$$\operatorname{tg} \alpha_1 = \frac{V_{1s}}{V_{1n}} = \frac{k_1 \frac{\partial h_1}{\partial s}}{k_1 \frac{\partial h_1}{\partial n}} \quad \text{und} \quad \operatorname{tg} \alpha_2 = \frac{V_{2s}}{V_{2n}} = \frac{k_2 \frac{\partial h_2}{\partial s}}{k_2 \frac{\partial h_2}{\partial n}}$$

ist, das Brechungsgesetz in der Form

$$k_1 : k_2 = \left(\frac{\partial h_1}{\partial s} \cdot \frac{\partial h_2}{\partial n}\right) : \left(\frac{\partial h_1}{\partial n} \cdot \frac{\partial h_2}{\partial s}\right) \qquad (91)$$

schreiben. Es ist dies die Randbedingung, der die Standrohrspiegelhöhen h_1 und h_2 zweier aneinanderstoßender Teilgebiete an der gemeinsamen Grenze s genügen müssen.

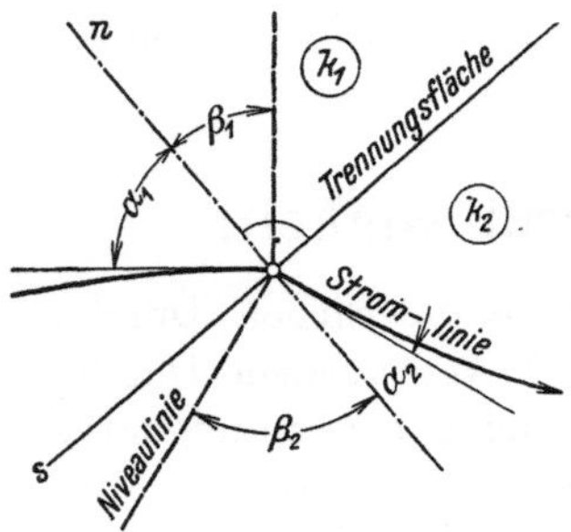

Abb. 69. Ablenkung der Strom- und Niveaulinien an der Grenze verschieden durchlässiger Gebiete.

b) Graphisch-rechnerische Näherungslösungen.

Analytische Lösungen unter Benutzung der Randbedingung (91) liegen nicht vor. Dagegen lassen sich aus jeder Lösung für einen Bereich mit einheitlicher Durchlässigkeit Lösungen für unstetig veränderliche Durchlässigkeit dadurch gewinnen, daß man entweder einzelne Strom- oder einzelne Niveauflächen als Trennungsflächen verschieden durchlässiger Teilgebiete betrachtet. Unter dieser Voraussetzung erfährt das Strömungsgebiet keine Veränderung und der Wechsel in der Durchlässigkeit ist erst bei der Ausarbeitung des Strömungsbildes zu berücksichtigen. Ist beispielsweise die Trennungslinie eine Stromlinie, dann ist $\frac{\partial h_1}{\partial n} = \frac{\partial h_2}{\partial n}$, und der Randbedingung (91) ist bei jedem Verhältniswert $k_1 : k_2$ entsprochen. Ist die Trennungslinie eine Niveaulinie, dann gilt das gleiche, weil die Ableitungen der beiden Niveaufunktionen in der Richtung s verschwinden. Dieser Sachverhalt folgt überdies auch daraus, daß der Durchlässigkeitswert in der Grundgleichung nicht bzw. nur als konstanter Faktor erscheint, so daß dessen sprunghafte Änderung quer zu einer Strom- oder Niveaulinie ohne Einfluß auf das Strömungsbild bleiben muß. Die Auswertung solcher Strömungsbilder ergibt im durchlässigeren Material engere Stromröhren oder einen weiteren Niveaulinienabstand als im dichteren Material.

Für Näherungslösungen genügt es oft, wenn die Grenze zwischen zwei verschieden durchlässigen Teilgebieten wenigstens ungefähr mit einer Strom- oder Niveaulinie des einheitlich durchlässig gedachten Gesamtbereiches zusammenfällt. So ist beispielsweise bei der Durchströmung des Dammes auf durchlässiger Unterlage die Strömungsrichtung im Bereich der Dammbasis nahezu waagrecht (Abb. 70). Es ist daher für eine näherungsweise Ermittlung des Durchflusses ohne weiteres zulässig, die Dammbasis als Stromlinie zu betrachten und die Strömung durch die beiden Teilgebiete unabhängig voneinander zu berechnen. Die Strömung durch den Damm kann mit Hilfe der Gl. (83) und die Strömung durch den Untergrund mit Hilfe der Gl. (50) berechnet werden. Sind die Formfaktoren dieser beiden Teilgebiete f_1 und f_2, dann beträgt der Gesamtdurchfluß

$$q = q_1 + q_2 \doteq (h_0 - h_u)\,(k_1 f_1 + k_2 f_2).$$

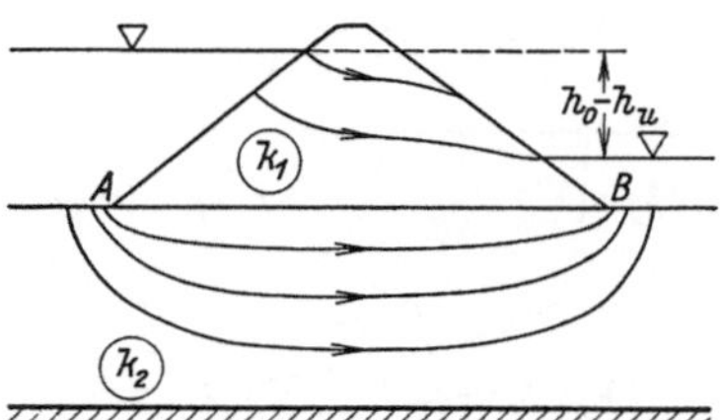

Abb. 70. Durchströmung eines Dammes auf durchlässiger Unterlage.

Die Genauigkeit dieser Näherung kann aus der Verschiedenheit des Gefällverlaufes längs der gemeinsamen Stromlinie AB beurteilt werden. Wird für zwei Teilgebiete näherungsweise eine gemeinsame Stromlinie angenommen, dann ist das Ergebnis um so genauer, je größer der Unterschied in den Durchlässigkeiten ist. Das Umgekehrte gilt, falls die Teilgebiete durch eine Niveaulinie getrennt sind. Ist der Genauigkeitsgrad solcher Näherungslösungen unzureichend, dann kann, wie z. B. in der Umgebung der Punkte A und B, unter Berücksichtigung des Brechungsgesetzes längs der gemeinsamen Grenze das Strömungsbild nachträglich berichtigt werden.

c) Versuchstechnische Lösung.

Sind die Voraussetzungen für eine derartige Näherungslösung nicht gegeben, weil die Lage der Trennungslinie für die Strömungsbilder von ausschlaggebender Bedeutung ist, dann wird die nur zeichnerische Darstellung der Strömungsbilder sehr langwierig. Bei solchen Aufgaben ist die Verwendung versuchstechnischer Methoden besonders vorteilhaft. Am besten eignet sich hierzu das elektrische Verfahren, weil dabei die Nachbildung der verschiedenen Durchlässigkeiten in einfachster Weise durch die verschiedene Dicke des flüssigen oder metallischen Leiters möglich ist. Ist der Unterschied im Durchlässigkeitswert sehr groß, dann ist auch ein entsprechend großes Modell zu verwenden, damit die elektrische Strömung in den verschieden dicken Schichten noch als eine *ebene* Strömung betrachtet werden kann.

Grundsätzlich sind auch Modellbaustoffe verschiedener elektrischer

Leitfähigkeit anwendbar, doch ist hierbei die Modellherstellung umständlicher, weil die Ausbildung der Berührungsflächen der verschieden durchlässigen Leiter erhöhte Sorgfalt beansprucht. Derartige Modelle kommen vor allem bei der Untersuchung räumlicher Strömungen in Betracht.

Bei Anwendung des Filterversuches ist neben der geometrischen Ähnlichkeit noch die Bedingung zu erfüllen, daß die Durchlässigkeiten k_M

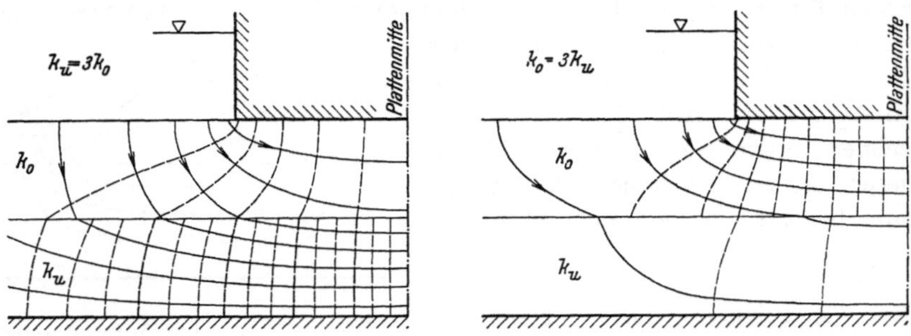

Abb. 71. Strömung durch einen Bereich mit unstetig veränderlicher Durchlässigkeit.

des Modells im gleichen Verhältnis zueinander stehen wie die entsprechenden Durchlässigkeitswerte k in der Natur, daß also hierfür die Beziehung

$$k_1 : k_2 : \ldots = k_{M1} : k_{M2} : \ldots$$

gilt.

Beträgt der lineare Modellmaßstab λ und sind q und q_M entsprechende Durchflußmengen in der Schichtstärke eins, dann lautet die Modellregel für den Durchfluß

$$\frac{q}{q_M} = \lambda \cdot \frac{k_1}{k_{M_1}} \quad \text{oder} \quad = \lambda \cdot \frac{k_2}{k_{M_2}}.$$

Die Beschaffung von Sanden, deren Durchlässigkeiten in einem ganz bestimmten Verhältnis zueinander stehen, und insbesondere die Herstellung eines Modells aus verschieden durchlässigen Sanden bereiten Schwierigkeiten. Die Verwendung des Filterversuches kommt daher nur bei besonders einfachen Anordnungen in Frage. Die Abb. 71 zeigt die Strömung unter einer waagrechten Platte auf einem Grundwasserträger aus zwei verschieden durchlässigen Schichten. Die quadratische Netzteilung ist auf Grund einiger durch den Filterversuch bestimmter Stromlinien eingezeichnet.

II. Stetig veränderliche Durchlässigkeit.

Ist die Durchlässigkeit eines Strömungsbereiches nicht konstant, sondern eine stetige Funktion des Ortes, dann besteht keine Analogie mit der Potentialbewegung, und die Vorteile, die in dieser Analogie begründet sind, können nicht ausgenutzt werden. Einfache rechnerische Lösungen sind dann möglich, wenn längs der einzelnen Stromlinien oder Niveauflächen des gleichartig durchlässig gedachten Bereiches die tatsächliche Durchlässigkeit konstant ist. Mathematisch kommt dieses Verhalten dadurch zum Ausdruck, daß zwischen der Strom- oder Niveaufunktion einerseits und der Durchlässigkeit anderseits eine direkte Abhängigkeit besteht, so daß z. B. längs der Flächen konstanter Niveaufunktion auch die Durchlässigkeit konstant ist. Unter dieser Voraussetzung bleibt, ebenso wie bei der unstetig veränderlichen Durchlässigkeit, das Strömungsbild unverändert und die verschiedene Durchlässigkeit ist erst bei der Bestimmung der Geschwindigkeitsverteilung und des Durchflusses zu berücksichtigen.

Ist beispielsweise bei der in Abb. 9 dargestellten radialen Zuströmung artesischen Grundwassers zu einem kreisförmigen Brunnen die Durchlässigkeit des Bodens eine Funktion des Abstandes r von der Brunnenachse, also $k = f(r)$, dann hat die Filtergeschwindigkeit im Abstande r die Größe

$$V = f(r) \frac{dh}{dr} = \frac{Q}{2 \pi r d},$$

woraus $dh = \frac{Q}{2\pi d} \frac{dr}{r f(r)}$ und weiter $h + C = \frac{Q}{2\pi d} \int \frac{dr}{r f(r)}$ folgt. Nach Bestimmung der Integrationskonstanten aus den Randbedingungen für h und k sind damit der Verlauf von h und V sowie die Größe des Durchflusses Q bestimmbar. Sind für eine derartige Lösung die Voraussetzungen nicht erfüllt, dann führt, falls nicht die näherungsweise Annahme einer mittleren Durchlässigkeit genügt, die versuchstechnische Lösung mit Hilfe des elektrischen Verfahrens am ehesten zum Ziele, weil dabei die Nachbildung der stetig veränderlichen Durchlässigkeit durch einen Leiter mit stetig veränderlicher Dicke am einfachsten ist.

III. Richtungsveränderliche Durchlässigkeit.

a) Der Zusammenhang zwischen Richtung und Durchlässigkeit.

Als Folge ihrer Entstehungsweise sind natürliche Grundwasserträger sehr häufig aus abwechselnden Schichten von größerer oder geringerer Durchlässigkeit aufgebaut. Wird ein solches Schichtenpaar (Abb. 72) normal zur Schichtung durchströmt, dann ist die Filtergeschwindigkeit längs jeder Stromlinie konstant, und das relative Standrohrspiegelgefälle ändert sich in der Grenzfläche sprunghaft von $\frac{\Delta h_1}{d_1}$ in $\frac{\Delta h_2}{d_2}$. Bezeichnet man das Verhältnis der Filtergeschwindigkeit zum mittleren Standrohrspiegelgefälle $J_m = \frac{\Delta h_1 + \Delta h_2}{d_1 + d_2}$ des Schichtenpaares als dessen Durchlässigkeit $k_{\min}$ normal zur Schichtung, dann läßt sich mit Hilfe der Beziehungen

$$V = k_1 \frac{\Delta h_1}{d_1} = k_2 \frac{\Delta h_2}{d_2} = k_{\min} \frac{\Delta h_1 + \Delta h_2}{d_1 + d_2}$$

diese Durchlässigkeit in Abhängigkeit von der Stärke und den Durchlässigkeiten der einzelnen Schichten durch die Gleichung

$$k_{\min} = \frac{d_1 + d_2}{\frac{d_1}{k_1} + \frac{d_2}{k_2}}$$

darstellen.

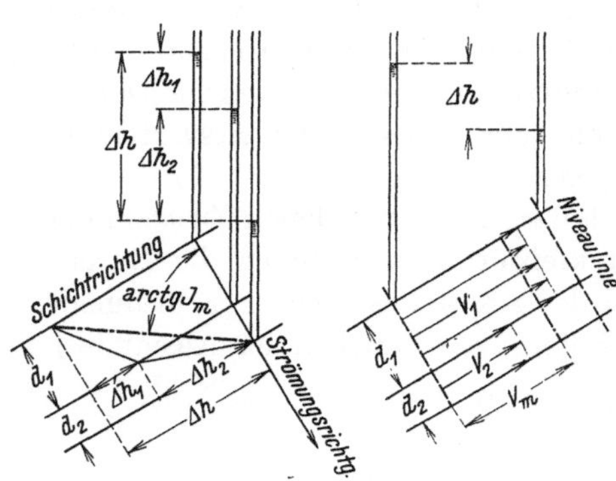

Abb. 72. Durchlässigkeit fein geschichteten Materials.

Erfolgt die Strömung parallel zur Schichtung, dann ist das Standrohrspiegelgefälle längs jeder Stromlinie konstant und die Geschwindigkeit ändert sich in der Grenzschicht sprunghaft von V_1 auf V_2. Wird wieder das Verhältnis der mittleren Geschwindigkeit

$$V_m = \frac{V_1 d_1 + V_2 d_2}{d_1 + d_2}$$

zum Standrohrspiegelgefälle als die Durchlässigkeit $k_{\max}$ des geschichteten Materials parallel zur Schichtung bezeichnet, dann folgt für diese mit Hilfe der Beziehungen

$$J = \frac{V_1}{k_1} = \frac{V_2}{k_2} = \frac{V_1 d_1 + V_2 d_2}{k_{\max} (d_1 + d_2)}$$

die Gleichung

$$k_{\max} = \frac{k_1 d_1 + k_2 d_2}{d_1 + d_2}.$$

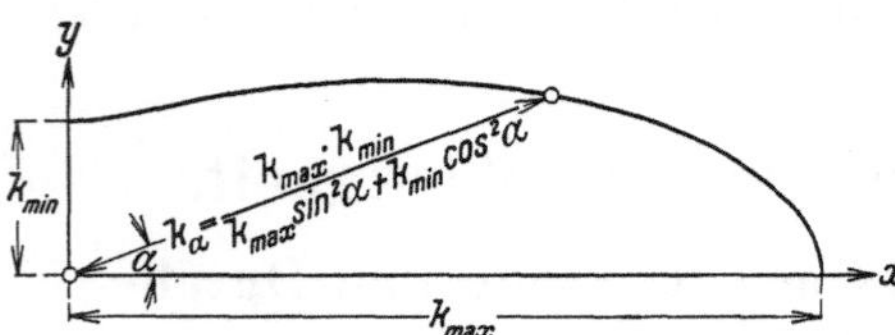

Abb. 73. Die Beziehung zwischen der Durchlässigkeit und der Richtung.

Wie angedeutet, stellen diese beiden Durchlässigkeiten Extremwerte dar, und zwar ist die Durchlässigkeit des geschichteten Materials parallel zur Schichtung am größten und normal hierzu am kleinsten. Für jede Zwischenrichtung α wird je nach der Struktur des Bodens die Durchlässigkeit eine zwischen diesen beiden Extremwerten gelegene Größe aufweisen.

Unter der Voraussetzung, daß die Schichten gleich stark und im Verhältnis zur Mächtigkeit des durchströmten Gebietes sehr dünn sind, läßt sich mit Hilfe des Prinzips vom kleinsten Zwang der gesetzmäßige Zusammenhang zwischen der Richtung α und der zugehörigen Durchlässigkeit herleiten, und zwar ist

$$k_a = \frac{k_{max} \cdot k_{min}}{k_{max} \sin^2 \alpha + k_{min} \cos^2 \alpha} \tag{92}$$

und die Gleichung der Verteilungskurve für die Durchlässigkeiten (Abb. 73) lautet[1]

$$\frac{x^2}{k_{max}} + \frac{y^2}{k_{min}} = \sqrt{x^2 + y^2}$$

b) Rückführung der Aufgabe auf eine Strömung in gleichartig durchlässigem Material.

Bezeichnet man wie bisher mit h die Standrohrspiegelhöhe und legt man die x-Richtung des Bezugssystems parallel zur Schichtung, dann ist in jedem Punkte die Filtergeschwindigkeit in der Schichtrichtung

$$u = - k_{max} \cdot \frac{\partial h}{\partial x}$$

und jene normal hierzu

$$v = - k_{min} \cdot \frac{\partial h}{\partial y}.$$

Die Raumgleichung $\frac{\partial u}{\partial x} + \frac{\partial v}{\partial y} = 0$ nimmt hiermit die Form

$$k_{max} \cdot \frac{\partial^2 h}{\partial x^2} + k_{min} \cdot \frac{\partial^2 h}{\partial y^2} = 0$$

oder, wenn $k_{max} : k_{min} = a^2$ gesetzt wird, die Form

$$\frac{\partial^2 h}{\partial \left(\frac{x}{a}\right)^2} + \frac{\partial^2 h}{\partial y^2} = 0$$

an.

Es ist nun naheliegend, durch die affine Transformation

$$x = a \,.\, \xi, \qquad y = \eta,$$

die einer Verzerrung des ganzen Bereiches parallel zur Schichtrichtung gleichkommt, das Problem auf eine Aufgabe in gleichartig durchlässigem Material zurückzuführen, denn die Grundgleichung wird durch diese Transformation in die Differentialgleichung von LAPLACE übergeführt. Daß dieser Weg bei feingeschichtetem Material tatsächlich zum Ziele führt, läßt sich wie folgt nachweisen.

Mit den obigen Ansätzen für die Geschwindigkeitskomponenten kann die resultierende Geschwindigkeit in der Form

[1] R. DACHLER, siehe S. 129, Fußnote 2. — J. VREEDENBURGH: Über die stationäre Wasserbewegung in einem Boden mit homogen anisotroper Durchlässigkeit. De Ingenieur in Niederlandsch-Indië. 1935, H. 11.

$$V = \sqrt{u^2 + v^2} = \sqrt{k_{\max}{}^2\left(\frac{\partial h}{\partial x}\right)^2 + k_{\min}{}^2\left(\frac{\partial h}{\partial y}\right)^2}$$

dargestellt werden. Andererseits ist aber die Filtergeschwindigkeit in der unter dem Winkel α zur Schichtung geneigten Strömungsrichtung s gleich

$$V = k_a \cdot \frac{\partial h}{\partial s} = k_a\left(\frac{\partial h}{\partial x}\cos\alpha + \frac{\partial h}{\partial y}\sin\alpha\right).$$

Führt man für k die dem Verteilungsgesetz (92) entsprechende Durchlässigkeit k_a ein und beachtet, daß der Quotient $\frac{\partial h}{\partial x} : \frac{\partial h}{\partial y}$ dem Betrage nach gleich ist der Tangente des Richtungswinkels β der Linien gleichen Standrohrspiegels, so ergibt die Gleichsetzung der für V geltenden Ausdrücke, also

$$\sqrt{k_{\max}{}^2\left(\frac{\partial h}{\partial x}\right)^2 + k_{\min}{}^2\left(\frac{\partial h}{\partial y}\right)^2} = \frac{k_{\max} \cdot k_{\min}}{k_{\max}\sin^2\alpha + k_{\min}\cos^2\alpha}\left(\frac{\partial h}{\partial x}\cos\alpha + \frac{\partial h}{\partial y}\sin\alpha\right)$$

nach einigen Umformungen die Gleichung

$$a^2 \operatorname{tg}\alpha \,.\, \operatorname{tg}\beta = 1.$$

Es ist dies der Zusammenhang, der zwischen dem Richtungswinkel α der Stromlinien und dem Richtungswinkel β der Niveaulinien in jedem Punkte bestehen muß, wenn die Parallelschichtung durch den Wert a gekennzeichnet ist (Abb. 74, rechts).

Derselbe Zusammenhang besteht aber nach affiner Transformation eines ursprünglich rechtwinkeligen Strom- und Niveauliniennetzes. Ist A_1 irgendein Punkt eines gleichartig durchlässigen Strömungsbereiches und sind s_1 und n_1 die in diesem Punkte sich rechtwinkelig schneidenden Strom- und Niveaulinien, so besteht zwischen deren Richtungswinkeln α_1 und β_1 die Beziehung

$$\operatorname{tg}\alpha_1 \,.\, \operatorname{tg}\beta_1 = 1.$$

Bei affiner Transformation im Verhältnis a parallel zur Schichtung geht A_1 über in A, wobei $\overline{AD} = a \,.\, \overline{A_1D}$ zu nehmen ist. A ist nun ein Punkt des parallel geschichteten Gebietes.

Die Tangente AB an die Stromlinie und die Tangente AC an die Niveaulinie schließen mit der Schichtrichtung die Winkel α und β ein, zwischen denen, wie aus der Abbildung entnommen werden kann, die Beziehung

$$\operatorname{tg}\alpha \,.\, \operatorname{tg}\beta = \frac{\overline{BD}}{\overline{AD}} \cdot \frac{\overline{DC}}{\overline{AD}} = \frac{\overline{BD}}{a \,.\, \overline{A_1D}} \cdot \frac{\overline{DC}}{a \,.\, \overline{A_1D}} = \frac{\operatorname{tg}\alpha_1 \operatorname{tg}\beta_1}{a^2} = \frac{1}{a^2}$$

besteht. Dies ist aber der für geschichtetes Material geforderte Zusammenhang, so daß tatsächlich die Lösung jeder Grundwasseraufgabe bei richtungsveränderlicher Durchlässigkeit durch affine Verzerrung des Gebietes parallel zur Schichtung auf eine Aufgabe in gleichartig durchlässigem Boden zurückgeführt werden kann. Dies gilt bei jeder Art der Berandung, somit auch bei Vorhandensein von freien Oberflächen und Hangquellen, sowie für jede Neigung der Schichtrichtung.

In der Abb. 74 ist die Unterströmung eines Gründungskörpers auf schräg geschichtetem, durchlässigem Material dargestellt. Das Verhältnis der größten Durchlässigkeit in der Richtung der Schichtung zur kleinsten Durchlässigkeit normal dazu beträgt $k_{\max} : k_{\min} = a^2 = 4$, sodaß parallel zur Schichtung eine Verkleinerung aller Maße auf die Hälfte

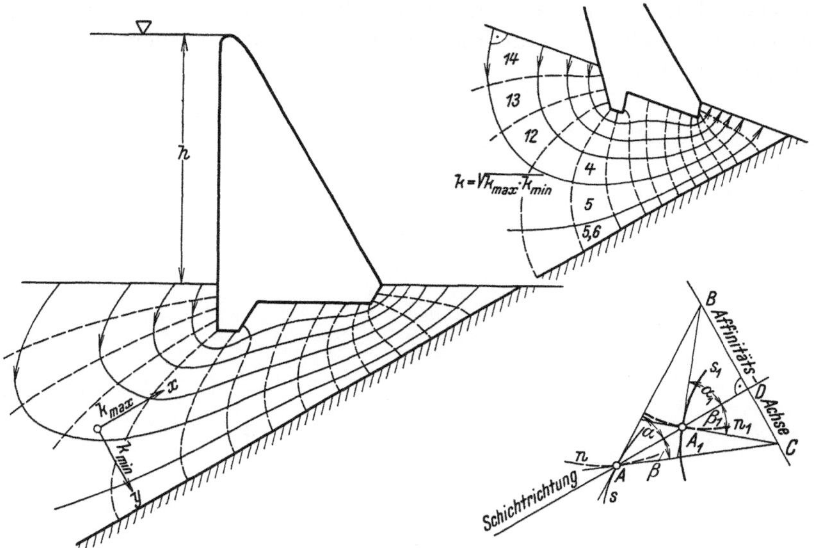

Abb. 74. Strömung durch einen Bereich mit richtungsveränderlicher Durchlässigkeit.

vorzunehmen ist. Der Durchfluß durch den so verzerrten Bereich ist dann gleich jenem im unverzerrten Bereich, wenn als gleichartige Durchlässigkeit der Wert $k = a\,k_{\min} = \frac{k_{\max}}{a} = \sqrt{k_{\max} \cdot k_{\min}}$ gesetzt wird. Für den verzerrten Bereich ist die Aufgabe unter der Annahme dieser gleichartigen Durchlässigkeit nach irgendeinem der bekannten Verfahren zu lösen. Im vorliegenden Fall ist das quadratische Strom- und Niveauliniennetz versuchsweise eingezeichnet. Die Abzählung der Stromröhren und der Niveaustreifen ergibt den Formfaktor $f = \frac{5{,}6}{14} = 0{,}4$, sodaß der Durchfluß in der Schichtdicke eins

$$q = 0{,}4 \,.\, h \,.\, \sqrt{k_{\max} \cdot k_{\min}}$$

beträgt.

Bei der Entzerrung des Bereiches geht das quadratische Netz in das Strömungsbild bei geschichtetem Material über. Die Strömung erfolgt nicht normal zu den Linien gleichen Standrohrspiegels, denn diese sind bei richtungsveränderlicher Durchlässigkeit nicht mehr Niveaulinien der Strömung. Die Größe der Geschwindigkeit an irgendeinem Punkte des Gebietes ist aus der quadratischen Netzteilung mit Hilfe (89) berechenbar, während ihre Richtung durch die Stromlinienrichtung in dem entzerrten Bild gegeben ist.

Die Größe des Wasserdruckes und insbesondere sein Verlauf längs der festen Randstromlinien kann mit Hilfe der Linien gleichen Standrohrspiegelunterschiedes auf die in der Abb. 64 angedeutete Weise bestimmt werden.

Namen- und Sachverzeichnis.

Manzsche Buchdruckerei, Wien IX.